教科書ぴったりトレーニング

はなまるシール

- ふろくのシールを使おう！
- はじめに、キミのおとも犬を選んで、がんばり表にはろう！
- 学習が終わったら、がんばり表に「はなまるシール」をはろう！
- 余ったシールは自由に使ってね。

キミのおとも犬

 元気いっぱいお肉大好き！
 つっこみ役みんなの世話係
 ちょっとこわがり最年少
 おっとり読書好き
 やさしくて物知りみんなの先生

はなまるシール

 すごい！ いいね！ 集中!! その調子！ できる！ ナイス！ むずかしい… がんばろう！ もう1回!! よくできたね！

     国語 理科

英語 算数 社会

ごほうびシール

 よくできました

教科書ぴったりトレーニング 算数4年 がんばり表

すきなななまえをつけてね！

なまえ

ぴた犬（おとも犬）シールをはろう

シールの中からすきなぴた犬をえらぼう。

いつも見えるところに、この「がんばり表」をはっておこう。
この「ぴたトレ」を学習したら、シールをはろう！
どこまでがんばったかわかるよ。

---

4. 1億より大きい数
① 億や兆の位　③ 大きな数のかけ算
② 整数のしくみ

32〜33ページ	30〜31ページ	28〜29ページ	26〜27ページ
ぴったり3	ぴったり12	ぴったり12	ぴったり12
できたらシールをはろう	できたらシールをはろう	できたらシールをはろう	できたらシールをはろう

3. 角度
① 角の大きさ
② 角のかき方

24〜25ページ	22〜23ページ	20〜21ページ
ぴったり3	ぴったり12	ぴったり12
できたらシールをはろう	できたらシールをはろう	できたらシールをはろう

★プログラミングにちょうせん！

18〜19ページ
プログラミング
できたらシールをはろう

2. わり算の筆算
① (2けた)÷(1けた)の計算
② (3けた)÷(1けた)の計算

16〜17ページ	14〜15ページ	12〜13ページ
ぴったり3	ぴったり12	ぴったり12
できたらシールをはろう	できたらシールをはろう	できたらシールをはろう

活用 読み取る力をのばそう

10〜11ページ
ぴったり3
できたらシールをはろう

1. 折れ線グラフと表
① 折れ線グラフの読み方　③ 折れ線グラフとぼうグラフ
② 折れ線グラフのかき方　④ 表

8〜9ページ	6〜7ページ	4〜5ページ	2〜3ページ
ぴったり3	ぴったり12	ぴったり12	ぴったり12
できたらシールをはろう	できたらシールをはろう	できたらシールをはろう	できたらシールをはろう

スタート

活用 読み取る力をのばそう

34〜35ページ
できたらシールをはろう

5. 式と計算
① （ ）のある式　③ 計算のきまり
② ＋、−と×、÷のまじった式

36〜37ページ	38〜39ページ	40〜41ページ
ぴったり12	ぴったり12	ぴったり3
できたらシールをはろう	できたらシールをはろう	できたらシールをはろう

6. 垂直、平行と四角形
① 直線の交わり方　④ ひし形
② 直線のならび方　⑤ 対角線
③ いろいろな四角形　⑥ 四角形のしきつめ

42〜43ページ	44〜45ページ	46〜47ページ	48〜49ページ	50〜51ページ
ぴったり12	ぴったり12	ぴったり12	ぴったり12	ぴったり3
できたらシールをはろう	できたらシールをはろう	できたらシールをはろう	できたらシールをはろう	できたらシールをはろう

7. がい数
① がい数
② がい数の計算

52〜53ページ	54〜55ページ	56〜57ページ
ぴったり12	ぴったり12	ぴったり3
できたらシールをはろう	できたらシールをはろう	できたらシールをはろう

8. 2けたの数でわる計算
① 何十でわる計算　④ 大きな数のわり算の筆算
② (2けた)÷(2けた)の筆算　⑤ わり算のきまり
③ (3けた)÷(2けた)の筆算　⑥ かけ算かな、わり算かな

58〜59ページ	60〜61ページ	62〜63ページ	64〜65ページ	66〜67ページ
ぴったり12	ぴったり12	ぴったり12	ぴったり12	ぴったり3
できたらシールをはろう	できたらシールをはろう	できたらシールをはろう	できたらシールをはろう	できたらシールをはろう

---

13. 小数と整数のかけ算・わり算
① 小数×整数　④ わり進みの計算
② 小数÷整数　⑤ 小数と倍
③ あまりのあるわり算

100〜101ページ	98〜99ページ
ぴったり12	ぴったり12
できたらシールをはろう	できたらシールをはろう

★そろばん

96〜97ページ
ぴったり12
できたらシールをはろう

12. 面積
① 広さの表し方　③ いろいろな面積の単位
② 長方形と正方形の面積

94〜95ページ	92〜93ページ	90〜91ページ	88〜89ページ
ぴったり3	ぴったり12	ぴったり12	ぴったり12
できたらシールをはろう	できたらシールをはろう	できたらシールをはろう	できたらシールをはろう

11. 小数
① 小数の表し方　③ 数の見方
② 小数と整数のしくみ　④ 小数の計算

86〜87ページ	84〜85ページ	82〜83ページ	80〜81ページ
ぴったり3	ぴったり12	ぴったり12	ぴったり12
できたらシールをはろう	できたらシールをはろう	できたらシールをはろう	できたらシールをはろう

10. 倍とかけ算、わり算
① 倍とかけ算、わり算

78〜79ページ	76〜77ページ
ぴったり12	ぴったり12
できたらシールをはろう	できたらシールをはろう

9. 変わり方
① 変わり方

74〜75ページ	72〜73ページ	70〜71ページ
ぴったり12	ぴったり12	ぴったり12
できたらシールをはろう	できたらシールをはろう	できたらシールをはろう

活用 読み取る力をのばそう

68〜69ページ
できたらシールをはろう

---

14. 分数
① 分数の表し方　③ 分数の大きさ
② 分数の計算

102〜103ページ	104〜105ページ	106〜107ページ
ぴったり12	ぴったり12	ぴったり3
できたらシールをはろう	できたらシールをはろう	できたらシールをはろう

108〜109ページ	110〜111ページ	112〜113ページ	114〜115ページ	116〜117ページ
ぴったり12	ぴったり12	ぴったり12	ぴったり12	ぴったり3
できたらシールをはろう	できたらシールをはろう	できたらシールをはろう	できたらシールをはろう	できたらシールをはろう

15. 直方体と立方体
① 直方体と立方体　③ 面や辺の垂直と平行　⑤ 位置の表し方
② 展開図　④ 見取図

118〜119ページ	120〜121ページ	122〜123ページ	124〜125ページ
ぴったり12	ぴったり12	ぴったり12	ぴったり3
できたらシールをはろう	できたらシールをはろう	できたらシールをはろう	できたらシールをはろう

4年のふくしゅう

126〜128ページ
できたらシールをはろう

ゴール

さいごまでがんばったキミは「ごほうびシール」をはろう！

教科書 ぴったり トレーニングの使い方

『ぴたトレ』は教科書にぴったり合わせて使うことができるよ。教科書も見ながら、勉強していこうね。ぴた犬たちが勉強をサポートするよ。

ふだんの学習

 **ぴったり1 じゅんび**

教科書のだいじなところをまとめていくよ。
◎ねらい でどんなことを勉強するかわかるよ。
問題に答えながら、わかっているかかくにんしよう。
QRコードから「3分でまとめ動画」が見られるよ。

※QRコードは株式会社デンソーウェーブの登録商標です。

 **ぴったり2 練習**

「ぴったり1」で勉強したことが身についているかな？かくにんしながら、練習問題に取り組もう。

★できた問題には、「た」をかこう！★

でき1 でき2 でき3 でき4

ぴったり3 たしかめのテスト

「ぴったり1」「ぴったり2」が終わったら取り組んでみよう。
学校のテストの前にやってもいいね。
わからない問題は、ふりかえり を見て前にもどってかくにんしよう。

実力チェック

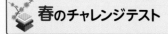
★ 夏のチャレンジテスト
☆ 冬のチャレンジテスト
✦ 春のチャレンジテスト
4年 算数のまとめ 学力しんだんテスト

夏休み、冬休み、春休み前に使いましょう。
学期の終わりや学年の終わりのテストの前にやってもいいね。

ふだんの学習が終わったら、「がんばり表」にシールをはろう。

別冊

答えとてびき

うすいピンク色のところには「答え」が書いてあるよ。取り組んだ問題の答え合わせをしてみよう。わからなかった問題やまちがえた問題は、右の「てびき」を読んだり、教科書を読み返したりして、もう一度見直そう。

もくじ

算数4年
大日本図書版
新版　たのしい算数

教科書ぴったりトレーニング
▶ 3分でまとめ動画

ぴったり 1

じゅんび

3分でまとめ

1 折れ線グラフと表

① 折れ線グラフの読み方

学習日　月　日

📖 教科書　16〜21 ページ　✏️ 答え　1 ページ

✏️ 次の　　にあてはまる数やことばを書きましょう。

🎯 **ねらい** 折れ線グラフがわかり、読めるようにしよう。　練習 ① ②→

🐾 折れ線グラフ

右のように、点を直線でつないで、線のかたむきで変わり方の様子を表したグラフを、**折れ線グラフ**といいます。

折れ線グラフは、気温や体重のように、時間がたつにつれて変わっていく様子を見るのに便利です。

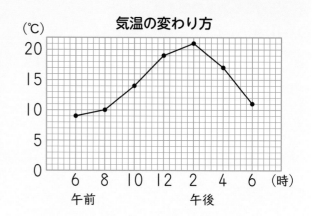

気温の変わり方

🐾 折れ線グラフのかたむき

折れ線グラフでは、線のかたむきで変わり方がわかります。

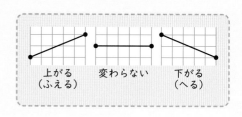

上がる（ふえる）　変わらない　下がる（へる）

1 上の「気温の変わり方」の折れ線グラフを見て、次の問題に答えましょう。

(1) 横、たての目もりは、何を表していますか。

(2) 午前6時の気温は何℃ですか。

(3) 午前8時から午前10時までの2時間で、気温は何℃上がりましたか。

(4) 気温の変わり方が一番大きいのは、何時から何時までの間ですか。

(5) 気温の変わり方が一番小さいのは、何時から何時までの間ですか。

とき方 (1) 横の目もりは ①　　　　、たての目もりは ②　　　　です。
└→単位は（時）　　　　　　　　　　└→単位は（℃）

(2) たての1目もりは ①　　　　℃だから、午前6時の気温は ②　　　　℃です。
└→5（℃）÷5（目もり）

(3) 午前10時の気温の ①　　　　℃から、午前8時の気温の ②　　　　℃をひいて、

③　　　　℃上がりました。

変わり方が大きいところほど線のかたむきが急になるね。

(4) 午後 ①　　　　時から午後 ②　　　　時までの間。

(5) 午前 ①　　　　時から午前 ②　　　　時までの間。

教科書　16〜21ページ　答え　1ページ

① 下のグラフは、東京と金沢の1年間の気温の変わり方を表したものです。

教科書　16ページ 1

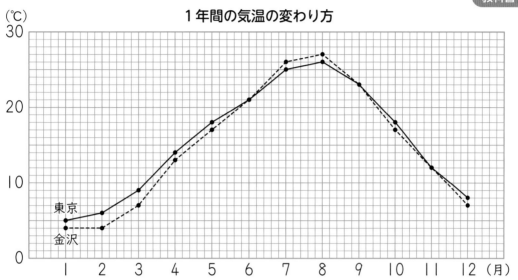

1年間の気温の変わり方

① 東京の気温が一番低いのは何月で、何℃ですか。

（　　　　　　　　）

② 金沢の気温が一番高いのは何月で、何℃ですか。

（　　　　　　　　）

③ 東京の4月の気温は何℃ですか。

（　　　　　　　　）

④ 金沢の気温は、10月と11月の間に何℃下がりましたか。

（　　　　　　　　）

⑤ 金沢で、気温が変わらないのは、何月と何月の間ですか。

（　　　　　　　　）

② ① のグラフを見て、答えましょう。

教科書　20ページ 2

① 1年間の気温の変わり方が大きいのは、東京と金沢のどちらですか。

（　　　　　　　　）

② 金沢の気温が東京の気温より高いのは、何月と何月ですか。

（　　　　　　　　）

③ 東京と金沢の気温が同じ月を、全て書きましょう。

（　　　　　　　　）

ヒント　② ①　一番低い月と一番高い月のちがいが大きいほうです。

1 折れ線グラフと表

② 折れ線グラフのかき方
③ 折れ線グラフとぼうグラフ

📖 教科書　22〜26 ページ　✏️ 答え　2 ページ

✏️ 次の□にあてはまる数やことばを書きましょう。

🎯 **ねらい** 折れ線グラフがかけるようにしよう。　　　練習 **①**→

🐾 折れ線グラフのかき方
❶ 横のじくに、目もりが表す数と単位を書く。
❷ たてのじくに、一番大きい数と小さい数が表せるように、目もりが表す数と
単位を書く。
❸ 点をうち、順に直線でつなぐ。
❹ 表題を書く。

1 右の表は、ある日の地面の温度の変わり方を表したものです。これを折れ線グラフに表しましょう。

地面の温度の変わり方

時こく（時）	午前9	10	11	12	午後1	2	3
温　度（℃）	15	17	18	20	21	22	20

とき方 まず、横のじくに、はかった①□、たてのじくに②□を表す数を書く。単位も書く。
次に、それぞれの時こくの③□を表すところに「・」をうち、順に④□でつないで、表題を書く。

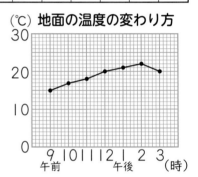

（℃）地面の温度の変わり方

🎯 **ねらい** 2つのグラフを組み合わせたグラフを、読み取れるようにしよう。　　練習 **②**→

🐾 折れ線グラフとぼうグラフを組み合わせたグラフ
★横のじくの目もりは、共通。
★たてのじくは、**折れ線グラフとぼうグラフとで左右に分けて**表す。
★2つのグラフの変わり方にきまりがないかくらべ、グラフを読み取る。
（「一方がふえるともう一方はへり、一方がへるともう一方はふえる」など）

2 右の気温とおでんの売り上げのグラフについて調べましょう。

とき方 （1）　売り上げは、気温が高くなると①□、気温が低くなると②□いる。
（2）　気温が一番低い①□月の売り上げが一番多く、一番高い②□月の売り上げが一番少ない。

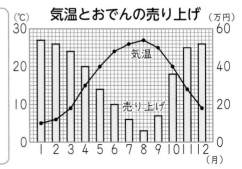

（℃）　気温とおでんの売り上げ　（万円）

学習日 　　　月　　　日

教科書 22～26 ページ 　答え 2 ページ

1 次の表は、さとしさんの身長を毎年 6 月 30 日にはかったものです。

教科書 22 ページ **1**、24 ページ **2**

さとしさんの身長の変わり方
（毎年 6 月 30 日調べ）

年れい（才）	身長（cm）
5	108
6	115
7	120
8	127
9	136

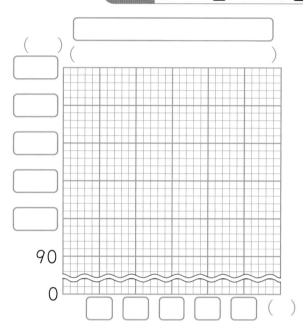

① たてのじくの 1 目もりは、何 cm に するとよいですか。

（　　　　　　　　）

② 折れ線グラフに表しましょう。

2 右のグラフは、ある市の気温の変わり方を折れ線グラフに、ある店の冷たい飲み物の売り上げをぼうグラフに表したものです。

教科書 25 ページ **1**

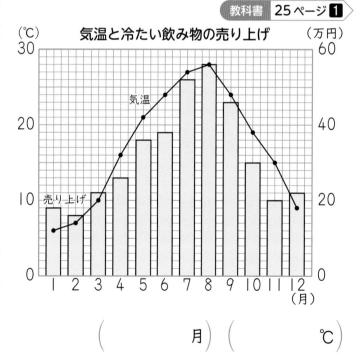

① 売り上げが一番多いのは何月ですか。また、その月の気温は何℃ですか。

（　　　　　　月）

（　　　　　　℃）

② 売り上げが一番少ないのは何月ですか。また、その月の気温は何℃ですか。

（　　　　月）（　　　　℃）

③ 気温が上がると、売り上げはどのように変わっているといえますか。

（　　　　　　　　　　　　　　　　）

・ヒント 　**1** たてのじくには、身長を表す目もりを書きます。

5

 3分でまとめ

④ 表

| 教科書 | 27〜31 ページ | 答え | 2 ページ |

✐ 次の◯◯にあてはまる数やことばを書きましょう。

🐾 **ねらい** 記録を、わかりやすく整理できるようにしよう。 　練習 ①→

🐾 1つのことがらで整理した表

記録したしりょうを、調べたいこうもくで整理します。

下の表は、4年生の1週間の、けがをした曜日とけがの部分を調べた表です。

曜日	体の部分	曜日	体の部分
月	うで	火	指
水	足	月	足
木	うで	木	指
火	顔	月	手
金	足	月	手
水	頭	水	足

この表を、曜日ごとのけがをした人数がわかりやすいようにした右の表に整理します。

はじめに、**「正」の字を使って**数え、数字になおします。

けがをした曜日

曜日	人数（人）	
月	正	4
火	丅	2
水	下	3
木	丅	2
金	一	1
合計		12

1 上の表を、けがの部分だけの見やすい表に整理しましょう。

とき方 はじめに ① ◯◯◯ の字を使って数えます。

次に、それを数字になおします。

最後に合計のらんにも数を書きます。

正は、1つのとき一、1つふえたら丅と、
一→丅→下→正→正のようにするんだよ。

けがをした体の部分

体の部分	人数（人）	
うで	丅	②
足	③	④
顔	一	1
頭	一	1
指	⑤	2
手	⑥	⑦
合計	⑧	

🐾 **ねらい** 記録を、2つのことがらで整理できるようにしよう。 　練習 ①②→

🐾 2つのことがらで整理した表

2つのことがらについて整理するときは、たてと横にことがらを書きます。

上の表を、曜日とけがの部分の2つのことがらで整理したのが右の表です。

けがをした曜日と体の部分

曜日＼体の部分	うで	足	顔	頭	指	手	合計
月	一 1	一 1	0	0	0	丅 2	4
火	0	0	一 1	0	一 1	0	2
水	0	丅 2	0	一 1	0	0	3
木	一 1	0	0	0	一 1	0	2
金	0	一 1	0	0	0	0	1
合計	2	4	1	1	2	2	12

2 右の表を見て答えましょう。

とき方 右の表の ◾ は、① ◯◯◯ 曜日に ② ◯◯◯ をけがした人が ③ ◯◯◯ 人いることを表しています。

練習

★ できた問題には、「た」を書こう！★

でき① でき②

教科書 27〜31 ページ ➡ 答え 2 ページ

学習日 　月　　日

🔍 よくみて

1 右の表は、家の前の道路を通った乗り物の種類（しゅるい）と色を表しています。次の問題に答えましょう。

教科書 28 ページ **1・2**

① 乗り物の種類と色の2つのことがらで、下の表にまとめます。
　表の㋐〜㋗をうめましょう。

乗り物の種類と色

種類	色	種類	色	種類	色	種類	色
乗用車	赤	タクシー	黒	タクシー	白	乗用車	黄
タクシー	白	乗用車	青	乗用車	白	バ　ス	赤
トラック	青	タクシー	白	タクシー	黒	トラック	緑
乗用車	黒	バイク	赤	バ　ス	青	トラック	赤
タクシー	赤	バイク	黄	トラック	緑	タクシー	黒
トラック	赤	バ　ス	緑	タクシー	黒	乗用車	黒

乗り物の種類と色

種類＼色	赤	白	青	黒	黄	緑	合　計
乗 用 車	一 1	一 1	一 1	㋓　㋔	一 1	0	㋖
タクシー	一 1	下 3	0	正 4	0	0	8
トラック	㋐　㋑	0	一 1	0	0	丁 2	㋒
バ　ス	一 1	0	一 1	0	0	一 1	3
バイク	一 1	0	0	0	一 1	0	2
合　計	㋒	4	3	㋕	2	3	㋘

② 一番多く通ったのは、何色のどんな乗り物ですか。

（　　　　　　　　　　　）

2 右の表は、まさしさんの学級で一輪車（いちりんしゃ）に乗れる人の数と、竹馬ができる人の数を調べたものです。

教科書 30 ページ **3**

① 一輪車に乗れる人は、何人ですか。

（　　　　　　　　　）

② 竹馬だけできる人は、何人ですか。

（　　　　　　　　　）

③ まさしさんの学級は、全部で何人ですか。

（　　　　　　　　　）

一輪車と竹馬調べ　（人）

	竹馬		合計
	○	×	
一輪車　○	13	11	
一輪車　×	4	7	11
合計		18	

○…できる
×…できない

「○○ができる人」と「○○だけできる人」はちがうんだよ。

● ヒント **2** ① 表の一輪車の○の行を横に見ます。

ぴったり③
たしかめのテスト

① 折れ線グラフと表

時間 **30** 分

／100

ごうかく **80** 点

教科書 16〜33 ページ 　答え 2 ページ

知識・技能 　　　　　　　　　　　　　　　　　　　　　　　　　／100点

❶ 折れ線グラフに表すとよいものには○、ぼうグラフに表すとよいものには△をかきましょう。

各5点(20点)

ⓐ 　１週間で、学校の図書館から借りられた本の種類とその数 　　（　　　）

ⓘ 　ある池で、３時間ごとに調べた水温 　　（　　　）

ⓤ 　毎年４月に調べた自分の体重の変わり方 　　（　　　）

ⓔ 　４年生で、クラスごとに調べた１年間に休んだ子どもの数 　　（　　　）

❷ 下の表は、１月から８月までの、各月の晴れた日の日数を表したものです。

各5点(40点)

各月の晴れた日の日数の変わり方

月	1	2	3	4	5	6	7	8
晴れた日(日)	15	13	20	23	21	9	21	24

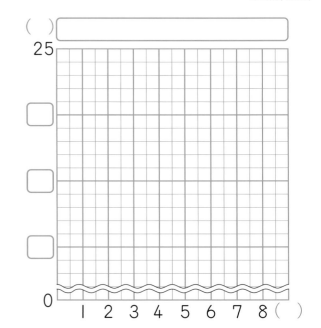

① 　これをグラフに表したとき、（　　　）の中にあてはまる単位は何ですか。

　　　　たてのじく （　　　　　）

　　　　横のじく （　　　　　）

② 　グラフの □ の中にあてはまる表題や数を書きましょう。

③ 　折れ線グラフに表しましょう。

④ 　晴れた日の日数が同じ月は、何月と何月ですか。

　　　　　　　　（　　　　　　　　）

8

❸ あゆみさんのクラス 35 人で、さか上がりや足かけ上がりができるかどうかについて調べました。

各4点（40点）

さか上がりと足かけ上がり調べ
○…できる、×…できない

出席番号	さか上がり	足かけ上がり	出席番号	さか上がり	足かけ上がり	出席番号	さか上がり	足かけ上がり
1	○	○	13	○	○	25	○	○
2	○	×	14	○	×	26	○	×
3	×	○	15	×	○	27	○	×
4	○	○	16	○	○	28	×	○
5	×	○	17	×	×	29	○	○
6	×	○	18	○	○	30	○	○
7	○	○	19	○	×	31	○	○
8	○	×	20	○	○	32	○	○
9	○	×	21	×	○	33	○	×
10	○	○	22	○	○	34	○	○
11	×	○	23	○	×	35	○	○
12	○	○	24	×	○			

① 下のような表に整理します。表の⑤、⑥、⑦のらんは、それぞれ何を表していますか。

さか上がりと足かけ上がり調べ　（人）

		足かけ上がり		合計
		○	×	
さか上がり	○	17	⑤	⑨
	×	⑥	⑦	⑩
合計		⑪	⑫	35

⑤ （　　　　　　　　　　　　　　　　　　　　　　　　）

⑥ （　　　　　　　　　　　　　　　　　　　　　　　　）

⑦ （　　　　　　　　　　　　　　　　　　　　　　　　）

② 上の表の⑤〜⑫にあてはまる数を書きましょう。

ふりかえり　❶がわからないときは、2ページの❶にもどってかくにんしてみよう。

読み取る力をのばそう

グラフから読み取ろう

教科書　34〜35ページ　答え　3ページ

1 次の表やグラフは、公園のごみ拾いで拾った飲み物のようきの数を種類別に、月ごとに表したものです。この表やグラフについて、答えましょう。

ごみ拾いで拾った飲み物のようきの数　　（こ）

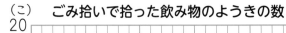

	4月	5月	6月	7月	合計
びん	5	6	4	4	㋖
かん	15	13	㋐	10	㋗
ペットボトル	17	㋙	15	12	㋘
合計	㋒	㋓	㋔	㋕	㋛

（こ）　ごみ拾いで拾った飲み物のようきの数

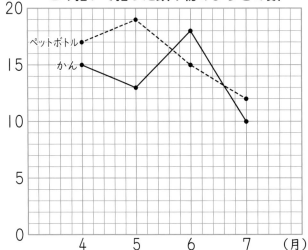

① 5月に拾ったペットボトルの数は、何こですか。

（　　　　　　　）

② 4か月で拾ったかんの数の合計は、何こですか。

（　　　　　　　）

③ 7月に拾った飲み物のようきの数の合計は、何こですか。

（　　　　　　　）

④ びんの折れ線グラフをかき加えましょう。

⑤ 表の㋐〜㋛にあてはまる数を書きましょう。

2 次の文について、**1** の表やグラフからいえることには○を、いえないことには×をつけましょう。

① どの月も、ペットボトルの数が一番多くなっています。

（　　　　）

② 5月と6月の間で、数の変わり方が一番大きい飲み物のようきは、かんです。

（　　　　）

③ 7月に拾った飲み物のようきの数の合計は、6月にくらべてへっています。

（　　　　）

④ 6月と7月の間では、どの飲み物のようきの数もへっています。

（　　　　）

⑤ 4か月の間で数の変わり方が一番大きい飲み物のようきは、6月と7月の間のペットボトルです。

（　　　　）

3 次のグラフは、**1** の表のそれぞれの月の合計を折れ線グラフに表したものです。このグラフを見て考えた次の①、②は、正しいとはいえません。そのわけを書きましょう。

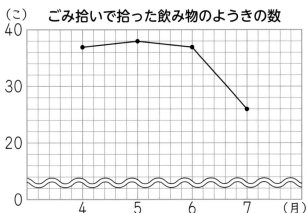

（こ）　ごみ拾いで拾った飲み物のようきの数

① 7月に拾った飲み物のようきの数は、6月の半分くらいにへっています。

（　　　　　　　　　　　　　　　　　　　　）

② 4、5、6月のそれぞれの数は、ほとんど変わっていないので、びん、かん、ペットボトルの月ごとの数もあまり変わっていません。

（　　　　　　　　　　　　　　　　　　　　）

ぴったり **1**
じゅんび

3分でまとめ

2 わり算の筆算

① **（2けた）÷（1けた）の計算**

学習日　　月　　日

教科書　**36〜45ページ**　答え　**4ページ**

🖊 次の ▢ にあてはまる数を書きましょう。

◎ **ねらい**　（2けた）÷（1けた）の筆算ができるようにしよう。　　練習 **①**→

🐾 （2けた）÷（1けた）の筆算のしかた　（56÷2の筆算）

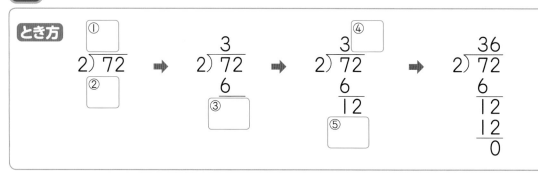

| 筆算の形に書く。 | 十の位の5を2でわり、2をたてる。 | 2×2=4 | 5-4=1 | 一の位の6をおろす。16を2でわり、8をたてる。 | |

1 72÷2を筆算でしましょう。

とき方

①▢　②▢　③▢　④▢　⑤▢

$$2)\overline{72} \Rightarrow 2)\overline{72}\;6 \Rightarrow 2)\overline{72}\;6\;\overline{12} \Rightarrow 2)\overline{72}\;6\;\overline{12}\;\underline{12}\;0$$

（36 商）

◎ **ねらい**　あまりのあるわり算ができるようにしよう。　　練習 **① ② ③**→

🐾 あまりのあるわり算の筆算のしかた　（79÷3の筆算）

$$3)\overline{79} \Rightarrow 3)\overline{79}\;6 \Rightarrow 3)\overline{79}\;6\;\overline{1} \Rightarrow 3)\overline{79}\;6\;\overline{19} \Rightarrow 3)\overline{79}\;6\;\overline{19}\;\underline{18}\;1$$

| 筆算の形に書く。 | 7÷3で2をたてる。3×2=6 | 7-6=1 | 一の位の9をおろす。19÷3で6をたてる。 | ←3×6　←あまり |

あまりは、わる数より小さくなります。

2 97÷4を筆算でしましょう。

とき方　はじめに筆算の形に書きます。次に、十の位から、9÷4と順に計算をしていきます。

①▢　②▢　③▢　④▢　⑤▢　⑥▢

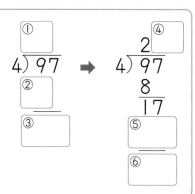

$$4)\overline{97} \Rightarrow 4)\overline{97}\;8\;\overline{17}$$

わり算の答えを「商」というんだね。たし算の答えは「和」、ひき算の答えは「差」、かけ算の答えは「積」というよ。

練習

★ できた問題には、「た」を書こう！★

でき ① でき ② でき ③

学習日　月　日

教科書　36〜45 ページ　答え　4 ページ

1 計算をしましょう。

教科書　37 ページ ■、43 ページ ②

① 3)45　　② 6)72　　③ 3)57　　④ 5)90

⑤ 3)53　　⑥ 6)89　　⑦ 5)64　　⑧ 4)57

2 計算をしましょう。

教科書　45 ページ ③・④

① 4)86　　② 3)62　　③ 7)58　　④ 9)66

あまりは、わる数より小さく
なっているかかくにんしよう。

3 98 まいの画用紙を、同じ数ずつ 4 人で分けます。

1 人分は何まいになりますか。また、何まいあまりますか。

教科書　43 ページ ②

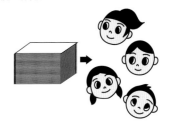

式

答え　1 人分は（　　　　　）まいで、（　　　　　）まいあまる。

 ① ② わる数×商＝わられる数、わる数×商＋あまり＝わられる数に
あてはめて、たしかめをしましょう。

ぴったり 1 じゅんび

② （3けた）÷（1けた）の計算

✏ 次の ◯ にあてはまる数を書きましょう。

◎ねらい （3けた）÷（1けた）=（3けた）の筆算ができるようにしよう。 練習 ①②→

🐾 （3けた）÷（1けた）=（3けた）の筆算のしかた （665÷5の筆算）

たてる→かける→
ひく→おろす
をくり返すね。

わられる数の百の位の数が、わる数より大きいか等しいとき、商は百の位にたつ。

6÷5で 百の位に1をたてる。

16÷5

15÷5

1 738÷7 を
筆算でしましょう。

とき方

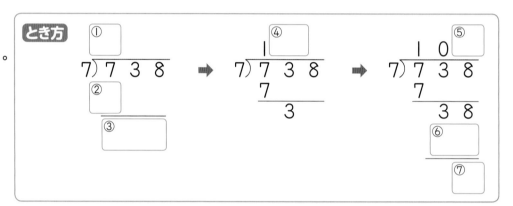

◎ねらい （3けた）÷（1けた）=（2けた）の筆算ができるようにしよう。 練習 ③④→

🐾 （3けた）÷（1けた）=（2けた）の筆算のしかた （239÷4の筆算）

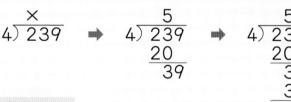

わる数×商+あまり
=わられる数
で、答えのたしかめをしよう。

2÷4で、
百の位には
商はたたない。

23÷4で、
十の位に5をたてる。

39÷4で、
一の位に9をたてる。

2 521÷7 を
筆算でしましょう。

とき方

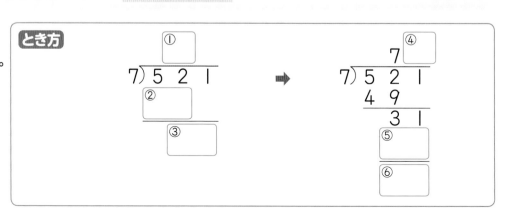

1 計算をしましょう。

教科書 47 ページ **2**、48 ページ **3**

① 3)740　　② 5)867　　③ 7)984　　④ 3)617

2 638 このクリップを、3 つのふくろに同じ数ずつ分けます。1 ふくろは何こに
なって、何こあまりますか。

教科書 47 ページ **2**

式

答え　1 ふくろは（　　　）こになって、（　　　）こあまる。

3 計算をしましょう。

教科書 48 ページ **4**

① 7)332　　② 6)514　　③ 9)639　　④ 8)487

4 550 まいの色紙を、1 人に 7 まいずつ配ります。何人に配れて、何まいあまり
ますか。

教科書 48 ページ **4**

式

答え　（　　　）人に配れて、（　　　）まいあまる。

ヒント　**3**　①　3÷7 で、商は百の位にはたちません。

15

② わり算の筆算

時間 **30** 分

／100

ごうかく **80** 点

教科書 **36〜51 ページ** 答え **5 ページ**

知識・技能 ／70点

1  よく出る 計算をしましょう。 各5点(20点)

① 52÷4 ② 80÷5 ③ 76÷6 ④ 95÷9

2 よく出る 計算をしましょう。 各5点(20点)

① 658÷2 ② 930÷4 ③ 782÷3 ④ 549÷5

3 よく出る 計算をしましょう。 各5点(15点)

① 334÷7 ② 288÷9 ③ 408÷8

④ 次の筆算のまちがいを見つけて、正しく計算しましょう。　　　各5点(15点)

①
```
      11
   6)606
      6
      6
      6
      0
```

②
```
     501
   7)359
     35
      9
      7
      2
```

③
```
      15
   4)420
      4
     20
     20
      0
```

思考・判断・表現　　　　　　　　　　　　　　　　　　　／30点

⑤ よく出る 92mのテープから、6mのテープは何本とれますか。また、何mあまりますか。

式・答え 各5点(10点)

式

答え（　　　　　　　　　　　　　　　　　）

⑥ えん筆を8本買ったら、代金は712円でした。このえん筆1本のねだんはいくらですか。

式・答え 各5点(10点)

式

答え（　　　　　　　　　　　　）

できたらスゴイ!

⑦ ジュースが76本あります。このジュースを1回に6本ずつ運ぶと、何回で運び終わりますか。

式・答え 各5点(10点)

式

答え（　　　　　　　　　　　　）

ふりかえり ❶がわからないときは、12ページの❶にもどってかくにんしてみよう。

ふろくの「計算せんもんドリル」 ①〜⑥ もやってみよう!

プログラミングにちょうせん！
アルゴリズムを整理しよう

教科書　52〜53 ページ　　答え　6 ページ

わり算の筆算の学習では、たてる、かける、ひく、おろすという手順を行うことで、答えを求めることができました。

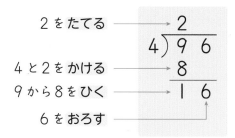

2 をたてる → 2
4)9 6
4 と 2 をかける → 8
9 から 8 をひく → 1 6
6 をおろす

問題をとくための決まった手順を、アルゴリズムというよ。

1 右の図は、わり算の筆算のアルゴリズムを表したものです。図の □ にあてはまることばを書きましょう。

2 次のわり算を、右のアルゴリズムにあてはめて計算します。図の①〜⑨のどのような順に計算していきますか。

(1)

8)79

(① → 　　　　　　　　)

(2)

3)84

(① → 　　　　　　　　)

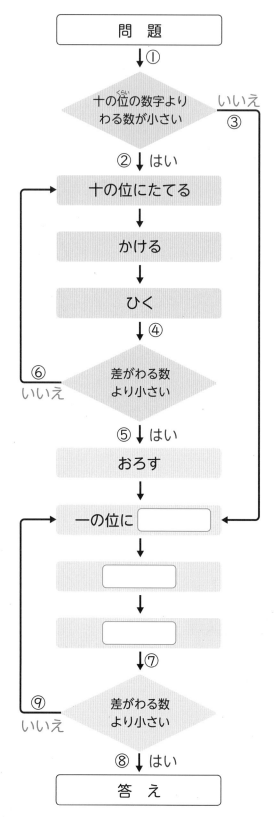

問　題
↓①
十の位の数字よりわる数が小さい　　いいえ →③
②↓はい
十の位にたてる
↓
かける
↓
ひく
↓④
⑥いいえ　差がわる数より小さい
⑤↓はい
おろす
↓
一の位に □
↓
□
↓
□
↓⑦
⑨いいえ　差がわる数より小さい
⑧↓はい
答　え

❸ （２けた）÷（１けた）の筆算のアルゴリズムについて、考えましょう。

(1) 十の位にたてた商が大きくて、ひけないときに考え直す手順を加えたいと思います。

下の図を、右の図のどこに加えればよいでしょうか。また、「いいえ」の先は、どこにつなげばよいでしょうか。次の文の ▢ にあてはまるⒶ〜Ⓘの記号を書きましょう。

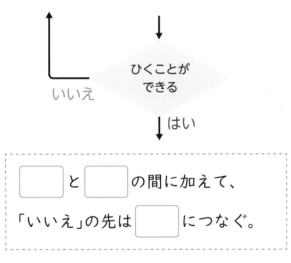

▢ と ▢ の間に加えて、「いいえ」の先は ▢ につなぐ。

(2) 一の位にたてた商が大きくて、ひけないときに考え直す手順を加えたいと思います。

(1)の図をどのように加えればよいですか。(1)の文を参考にして書きましょう。

(   )

頭の中で考えていた手順を図に表すと、はっきりするね。

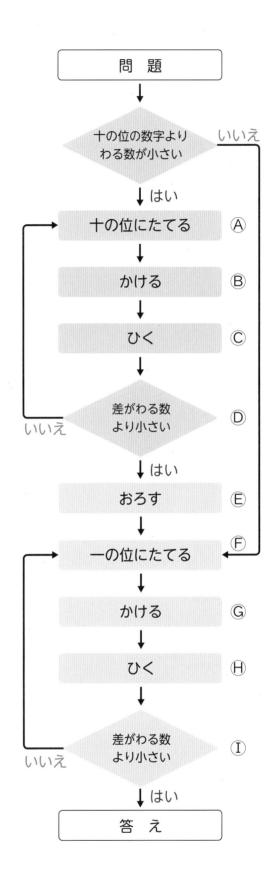

③ 角度

① 角の大きさ

教科書　55〜62 ページ　　答え　6 ページ

✎ 次の◯にあてはまる数やことばや記号を書きましょう。

ねらい 角の大きさがわかるようにしよう。　　　　　　　　練習 **1**➡

🐾 **角の大きさを表す単位**

　直角を 90 等分した1つ分を**1度**といい、1°と書きます。

　直角や度は、角の大きさを表す単位です。

1直角＝90°

角の大きさを「角度」ともいうよ。

🐾 **分度器**

　角の大きさは、**分度器**を使ってはかります。

　分度器には、0°から 180°までの目もりがついていて、小さい1目もりは1°を表します。

1 角の大きさについてまとめましょう。

とき方 角の大きさは、◯① ◯ではかります。

　直角を ②◯ 等分した1つ分の角の大きさを ③◯ といい、1°と書きます。

ねらい 角の大きさがはかれるようにしよう。　　　　　練習 **2 3 4**➡

🐾 **角度のはかり方**

❶　分度器の中心を角の頂点Aに合わせる。

❷　分度器の0°の線を、辺ABに重ねる。

❸　辺ACに重なる分度器の目もりを読む。

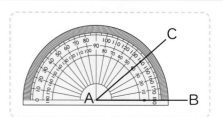

2 右のあの角度は何度ですか。

とき方 分度器の中心を、あの角の頂点 ①◯ に合わせます。

　分度器の ②◯ の線を、辺ABに重ねます。

　辺 ③◯ に重なる分度器の目もりを読みます。

　あの角度は、④◯ です。

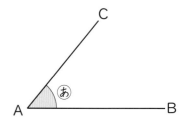

もし、辺が短いときは、辺をのばしてかいてみると、はかれるよ。

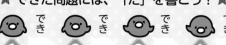
教科書 55〜62 ページ　　答え 6 ページ

1 ◯ にあてはまる数を書きましょう。　　教科書 56 ページ **1**、59 ページ **2**

① 1直角＝ ◯ °

② 半回転の角の大きさは、直角の ◯ つ分で、 ◯ 直角＝ ◯ °

③ 1回転の角の大きさは、直角の ◯ つ分で、 ◯ 直角＝ ◯ °

2 あ、い、うの角度はそれぞれ何度ですか。　　教科書 59 ページ **2**、61 ページ **4**

①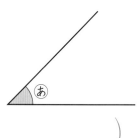

②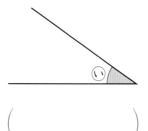

③

(　　　　　　　　)　　(　　　　　　　　)　　(　　　　　　　　)

！ まちがい注意

3 1組の三角じょうぎを組み合わせて、下の図のような角をつくりました。
あ、いの角度は、それぞれ何度ですか。　　教科書 61 ページ **3**

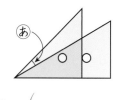　　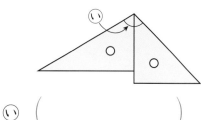

あ (　　　　　　　　)　　　　い (　　　　　　　　)

4 右の図のあ、い、うの角度は、それぞれ何度ですか。　　教科書 59 ページ **2**

あ (　　　　)　　い (　　　　)　　う (　　　　)

また、このことからどんなことがわかりますか。

(　　　　　　　　　　　　　　　　　　　)

● ヒント　　**3** 1組の三角じょうぎは、45°、45°、90° と 30°、60°、90° の
直角三角形です。

21

教科書　63〜64 ページ　答え　7 ページ

✏ 次の◯にあてはまる記号や数を書きましょう。

◎ねらい　分度器を使って角がかけるようにしよう。　練習 ①②→

🐾 角のかき方

角をかくときも、角の大きさをはかるときと同じように分度器を使います。

40°の角をかきます。

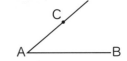
❸ 40°の目もりに
点Cをとる。

❹点Aから点Cを通る
直線をひく。

A———————B
❶辺ABをひく。

❷0°の線を辺ABに重ねる。

1 50°の角をかきましょう。

とき方　まず、辺ABをひきます。

次に、分度器の中心を点①◯に合わせ、0°の線を

辺②◯に重ねます。

③◯の目もりのところに、点④◯をとります。

点⑤◯から点⑥◯を通る直線をひきます。

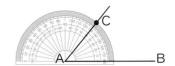

◎ねらい　分度器を使って、三角形がかけるようにしよう。　練習 ③→

🐾 三角形のかき方

1つの辺の長さが4cmで、その両はしの角の大きさが30°と60°の三角形を

かきます。

A———B
❶4cmの辺
ABをひく。

❷分度器の中心を点
Aに合わせ、30°
の角をかく。

❸分度器の中心を点
Bに合わせ、60°
の角をかく。

❹2つの直線が交
わったところを
点Cとする。

2 右の三角形をかきましょう。

とき方　まず、①◯cmの辺ABをひきます。

次に、分度器を使い、点Aを頂点として②◯の角をかきます。

点Bを頂点として③◯の角をかき、交わる点をCとします。

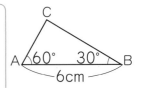

教科書 63〜64ページ　答え 7ページ

1 点Aを頂点として、次の大きさの角をかきましょう。

教科書 63ページ 1

①　30°　　　　　　② 　75°　　　　　　③　140°

A————B　　　　A————B　　　　A————B

2 240°の角を、点Aを頂点として次の方法でかきましょう。

教科書 63ページ 1

①　180°より何度大きいかで、かいてみましょう。

②　360°より何度小さいかで、かいてみましょう。

①　　　　　　　　　　　　　　　②

A————B　　　　　　　　A————B

3 次のような三角形をかきましょう。

教科書 64ページ 2

①
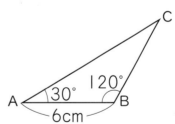

②

（三角形 ②：A 30°、B 120°、AB 6cm、頂点 C）

③ 角　度

教科書　55〜66 ページ　答え　7 ページ

知識・技能　／85点

1 よく出る あ、い、うの角度は何度ですか。　各5点(15点)

①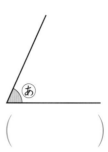

（　　　　　）

②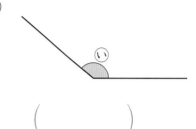

（　　　　　）

③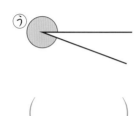

（　　　　　）

2 右のあ、い、うの角度は、それぞれ何度ですか。　各6点(18点)

あ（　　　　　）

い（　　　　　）

う（　　　　　）

3 次の大きさの角をかきましょう。　各7点(14点)

① 130°

② 230°

4 1組の三角じょうぎを組み合わせた下の図で、あ〜うの角度は何度ですか。　各6点(18点)

①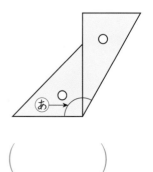

（　　　　　）

②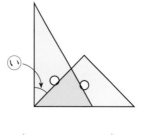

（　　　　　）

③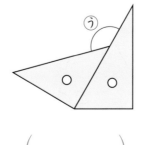

（　　　　　）

5 よく出る 次のような三角形をかきましょう。

各10点(20点)

①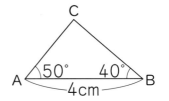

②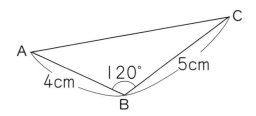

思考・判断・表現　　　　　　　　　　　　　　／15点

できたらスゴイ!

6 下の時計で、長いはりと短いはりでできる、赤い部分の角度は何度ですか。

各5点(15点)

① 　　② 　　③

（　　　　）　　　　（　　　　）　　　　（　　　　）

はってん 三角形をかいてみよう

1 次の三角形と、形も大きさも同じ三角形をかきます。どの辺とどの角度をはかればよいですか。

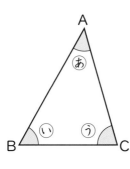

(1) 辺ＢＣの長さと、角［　　　］と角㋒の大きさがわかればかけます。

(2) 辺ＡＢと辺［　　　］の長さと、角㋒の大きさがわかればかけます。

(3) 辺ＡＢ、辺［　　　］、辺［　　　］の長さがわかればかけます。

◀ぴったり重ね合わせることのできる2つの図形を、**合同な図形**といいます。

◀くわしい学習は5年で学びますが、合同な三角形をかくことができる、左のような3つの場合を知っておきましょう。

ふりかえり 1 がわからないときは、20 ページの 2 にもどってかくにんしてみよう。

④ 1億より大きい数

① 億や兆の位

教科書　67〜71ページ　答え　8ページ

✎ 次の□にあてはまることばを書きましょう。

◎ねらい　1億より大きな数がわかるようにしよう。　練習 ❶ ❷ ❸ →

🐾 億の位

1000万の10倍の数を1億といいます。

1億は、100000000です。

1億の10倍、100倍、1000倍は、それぞれ10億、100億、1000億です。

千	百	十	一	千	百	十	一	千	百	十	一
		億				万					
	1	2	4	8	5	3	0	0	0	0	

十二億四千八百五十三万
└ 読み方

1 4526179308 を読みましょう。

とき方　右から、4けたごとに区切って読んでいきます。

4526179308
億　　　万

この数は、① □ 億 ② □ 万 ③ □ と読みます。

大きな数を読むときは、右から4けたごとに区切ると読みやすいね。

◎ねらい　千億より大きな数がわかるようにしよう。　練習 ❹ ❺ →

🐾 兆の位

1000億の10倍の数を1兆といいます。

1兆は、1000000000000です。

1兆は、1億の10000倍です。

一	千	百	十	一	千	百	十	一	千	百	十	一
兆			億				万					
2	0	5	6	0	0	0	0	3	0	0	0	0

二兆五百六十億三万
└ 読み方

2 38671259000000 を読みましょう。

とき方　右から、4けたごとに区切って読んでいきます。

38671259000000
兆　　億　　万

万、億、兆の区切りごとに、「一、十、百、千」の位があるんだね。

右から7つめの9は ① □ の位、右から9つめの2は ② □ の位、右から13番めの8は ③ □ の位となります。

この数は、④ □ 兆 ⑤ □ 億 ⑥ □ 万と読みます。

教科書　67〜71 ページ　　答え　8 ページ

1　次の数を読みましょう。　　　　　　　　　教科書　67 ページ 1 、69 ページ 2

① 746139528　　　　　　　　② 2650217301

(　　　　　　　　　　　　　)　(　　　　　　　　　　　　　)

2　602594000 について答えましょう。　　　教科書　67 ページ 1 、69 ページ 2

① 9は何の位の数字ですか。　　　　　　　　(　　　　　　　　　)

② 6は何の位の数字ですか。　　　　　　　　(　　　　　　　　　)

③ この数を 10 倍した数を書いて、それを読みましょう。

10 倍した数 (　　　　　　　　　) (　　　　　　　　　)

3　次の数を数字で書きましょう。　　　　　　教科書　67 ページ 1 、69 ページ 2

① 三億五千八百十九万二千六百四十七　　　(　　　　　　　　　)

② 六百八億千二百五十万七千三百七　　　　(　　　　　　　　　)

③ 1億を5こと、1万を943こ合わせた数　(　　　　　　　　　)

読みのない位には
0を書くんだね。

4　次の数を読みましょう。　　　　　　　　　教科書　70 ページ 3

① 4259063720000　　　　② 98326547000000

(　　　　　　　　　　　　　)　(　　　　　　　　　　　　　)

5　次の数を数字で書きましょう。　　　　　　教科書　70 ページ 3

① 五千二百十八兆六千九百三十五億七千四百万 (　　　　　　　　　)

② 1兆を27こと、1億を864こ合わせた数 (　　　　　　　　　)

ヒント　2　③ 10倍すると、0が1つふえて、位が1つ上がります。

27

④ 1億より大きい数

② 整数のしくみ

教科書 72～73 ページ　答え 9 ページ

✎ 次の □ にあてはまる数を書きましょう。

◎ねらい　整数のしくみを理かいしよう。　　　　　練習 ❶ ❷ →

🐾 10倍、100倍にした数、$\frac{1}{10}$ にした数

　整数は 10 倍するごとに、位が 1 つずつ上がります。

　また、$\frac{1}{10}$ にするごとに、位が 1 つずつ下がります。

	兆	億	万	
→10倍	3	8670	0000	0000
100倍 →10倍		3867	0000	0000
		386	7000	0000
$\frac{1}{10}$		38	6700	0000

1 274億を 10倍、100倍した数、3兆600億を $\frac{1}{10}$ にした数を書きましょう。

とき方　10倍すると、位が ① [　　] つ上がるから、② [　　] 億。

　100倍すると、位が ③ [　　] つ上がるから、④ [　　] 兆 ⑤ [　　] 億。

　$\frac{1}{10}$ にすると、位が ⑥ [　　] つ下がるから、⑦ [　　] 億。

◎ねらい　いろいろな数をつくれるようにしよう。　　　　　練習 ❸ →

🐾 整数のつくり

　どんな大きさの整数でも、0、1、2、3、4、5、6、7、8、9の 10 この数字を使って表すことができます。

　何の位に数字を書くかによって、表す大きさが変わります。

2　9けたの整数で、一番小さい数を書きましょう。

　また、一番大きい数と一番小さい数の和と差を求めましょう。

とき方　9けたの整数は、○億○○○○万○○○○と表せます。

　一億の位は、① [　　] では9けたとならないので、② [　　] となります。

　あとの位は、一番小さい数を考えて、それぞれ ③ [　　] とします。

　だから、④ [　　　　　] となります。

　一番大きい数は、999999999 です。

　和は、999999999 ＋ ⑤ [　　　　　] ＝ ⑥ [　　　　　]

　差は、999999999 － ⑦ [　　　　　] ＝ ⑧ [　　　　　]

ぴったり 2
練習

★ できた問題には、「た」を書こう！ ★
でき 1　でき 2　でき 3

学習日　月　日

教科書 72〜73 ページ　答え 9 ページ

1 次の □ にあてはまる数やことばを書きましょう。　教科書 72 ページ **1**

① 65 億を 10 倍した数は ⑦ □ で、10 倍した数の数字の 6 は

⑦ □ の位を、5 は ⑨ □ の位を表しています。

② 190 兆を $\frac{1}{10}$ にした数は ⑦ □ で、$\frac{1}{10}$ にした数の数字の 1 は ① □ の

位を、9 は ⑨ □ の位を表しています。

2 次の数を書きましょう。　教科書 72 ページ **1**

① 28 億 ×10

② 9650 億 ×10

③ 37 億 ×100

④ 64 兆 ÷10

⑤ 280 億 ÷10

⑥ 13 兆 8000 億 ÷10

！まちがい注意

3 0 から 9 までの 10 この数字をどれも 1 回ずつ使って、数をつくります。

教科書 73 ページ **2**

① 一番大きい数はいくつですか。

（　　　　　　　　）

② 2 番目に小さい数はいくつですか。

（　　　　　　　　）

③ ①と②の 2 つの数の和と差を求めましょう。

和 （　　　　　　　　）

差 （　　　　　　　　）

ヒント ❸ 一番左の数は十億の位になります。十億の位が 0 になることはありません。

29

④ 1億より大きい数

③ 大きな数のかけ算

📖 教科書　75〜76ページ　　🖊 答え　9ページ

✏️ 次の◯にあてはまる数を書きましょう。

🎯 **ねらい** 3けたや4けたのかけ算の筆算ができるようにしよう。　　練習 ①②➡

🐾 **（4けた）×（2けた）の筆算のしかた**

4853×35 を筆算ですると、

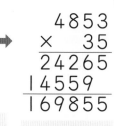

かけ算の答えを「積（せき）」というんだったね。

4853 × 35	➡ 4853 × 35 24265	➡ 4853 × 35 24265 14559 0

➡ 4853
× 35
24265
14559
169855

筆算の形に書く。　　4853×5を計算する。　　4853×3を計算し、1けた左にずらして書く。　　答えをたす。

1 3941×58 を筆算でしましょう。

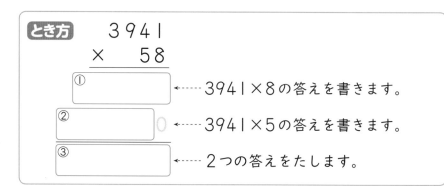

とき方　　3941
× 58

① ⬅ 3941×8の答えを書きます。

② ⬅ 3941×5の答えを書きます。

③ ⬅ 2つの答えをたします。

🎯 **ねらい** くふうして計算しよう。　　練習 ③④➡

🐾 **0をふくんだ数のかけ算の筆算のしかた**

564×305 を筆算ですると、

564×0 の計算はしなくてもいいんだよ。

564
×305　➡　564
×305
2820　➡　564
×305
2820
1692　➡　564
×305
2820
1692
172020

2 156×400、274×890 を筆算でしましょう。

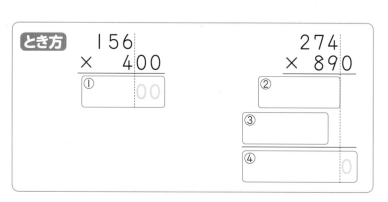

とき方　　156
× 400　　　274
× 890

① ◻00　　②

③

④ ◻0

練習

★ できた問題には、「た」を書こう！★

 でき ① でき ② できでき ③ できでき ④

| | 教科書 | 75～76 ページ | 答え | 9 ページ |

1 計算をしましょう。

教科書 75 ページ 1

①	2984	②	3854	③	5098	④	3579
	× 37		× 58		× 72		× 86

2 計算をしましょう。

教科書 75 ページ 1

①	532	②	296	③	805	④	930
	×213		×438		×396		×724

🔍 よくみて

3 次の筆算のまちがいを見つけて、正しく計算しましょう。

教科書 76 ページ 2

①	985	②	3700	③	8030
	× 340		×504		× 5700
	3940		148		5621
	2955		185		4015
	33490		199800		4577100

4
1箱にチョコレートが 120 こ入ります。今日、工場から 23500 箱配送されました。今日、配送されたチョコレートは全部で何こですか。

教科書 76 ページ 2

(   )

💬 ヒント 　❷ 3けた×3けたの計算では、ていねいに位をそろえて書くこと。

④ 1億より大きい数

📖 教科書 67〜78ページ　　✏️ 答え 10ページ

知識・技能　　　　　　　　　　　　　　　　　　　　　　　　　　／75点

1 次の数を読みましょう。　　　　　　　　　　　　　　各5点(10点)

① 5302404820000　（　　　　　　　　　　　　　　　）

② 200004080001260　（　　　　　　　　　　　　　　　）

2 よく出る 次の数を数字で書きましょう。　　　　　各5点(20点)

① 二十五億三千七百十八万六千

（　　　　　　　　　　　　　　　）

② 五十六兆九千三十七億

（　　　　　　　　　　　　　　　）

③ 1億を 47 こと、1万を 2600 こ合わせた数

（　　　　　　　　　　　　　　　）

④ 1兆を 107 こと、1億を 43 こと、1万を 300 こ合わせた数

（　　　　　　　　　　　　　　　）

3 計算をしましょう。　　　　　　　　　　　　　　　各5点(15点)

① 23億×10　　　② 700億×100　　　③ 46兆÷10

4 よく出る 計算をしましょう。　　　　　　　　　　各5点(15点)

① 892×735　　　② 3856×93　　　③ 2048×39

5 くふうして計算しましょう。　　　　　　　　　　　　　　　　各5点(15点)

① 23×356　　　　　　② 3900×208　　　　　③ 80×7400

思考・判断・表現　　　　　　　　　　　　　　　　　　　　　　／25点

6 0から9までの10この数字をどれも1回ずつ使って、100億に一番近い数をつくりましょう。

(5点)

（　　　　　　　　　　　　　　　　）

7 1日に268こ売れる品物があります。365日では、何こ売れることになりますか。

式・答え 各5点(10点)

式

答え（　　　　　　　　　　　　　）

8 1時間に3876m歩く人がいます。12時間で何m歩くことになりますか。

式・答え 各5点(10点)

式

答え（　　　　　　　　　　　　　）

ふろくの「計算せんもんドリル」⑧〜⑨ もやってみよう！

はってん 兆より大きな数の位（くらい）

教科書 78ページ

1 次の問題に答えましょう。

① 一京（いっけい）は0がいくつならびますか。

一京は、［ア　　　　　　　］兆の10倍だから、0が［イ　　　　　　　］こならびます。

② 地球から北極星（ほっきょくせい）まで 3784320000000000000 m です。この数を読みましょう。

（　　　　　　　　　　　　　　　　　　）

◀小学校では、大きな数としては兆までの数を学習します。1000兆の10倍の数を**一京**といいます。

◀数が大きくなっても数のしくみは同じで、千兆の次は、一京、十京、百京、千京となります。

 **1** がわからないときは、26ページの **2** にもどってかくにんしてみよう。

大きな数をつくろう

教科書　79ページ　　答え　10ページ

1 　0から9までの数字カードが1まいずつあります。この中から8まいを使って、8けたのいろいろな数をつくります。

| 0 | 1 | 2 | 3 | 4 | 5 | 6 | 7 | 8 | 9 |

一番大きい数は、 98765432 です。これをもとに、いろいろな数をつくります。

① 　2番目に大きい数をつくります。一番大きい数のどの数字をいくつに変え(か)ればよいですか。また、2番目に大きい数を書きましょう。

　　　　　（　　　　）を（　　　　）に変える。

　　　　　　　（　　　　　　　　　　　）

10まいのうち8まいを使って一番大きい数をつくるには、大きい数字のカード8まいを、大きい順(じゅん)にならべればいいんだね。

② 　3番目に大きい数をつくります。一番大きい数のどの数字をいくつに変えればよいですか。また、3番目に大きい数を書きましょう。

　　　　　（　　　　）を（　　　　）に変える。

　　　　　　　（　　　　　　　　　　　）

使っていないカードが2まいあるね。どうすればいいかな。

③ 　4番目に大きい数をつくります。一番大きい数の何の位(くらい)の数字を、いくつに変えればよいですか。

　（　　　　）の位の数字を（　　　　）に変え、（　　　　）の位の数字を（　　　　）に変える。

④ 　4番目に大きい数をつくりましょう。

　　　　　　　　　　　　　　　　　（　　　　　　　　　　　）

⑤ 　同じように考えて、次の数をつくりましょう。

　　　　　　　5番目に大きい数（　　　　　　　　　　　）

　　　　　　　6番目に大きい数（　　　　　　　　　　　）

❷ 0から9までの10まいの数字カードのうち9まいを使って、次の9けたの数を
つくりましょう。

① 一番小さい数

(   )

② 2番目に小さい数

(   )

③ 3番目に小さい数

(   )

❸ 下のように10まいの数字カードがあります。これを使って、次の10けたの数
をつくりましょう。

| 0 | 0 | 2 | 2 | 4 | 4 | 6 | 6 | 8 | 8 |

① 一番大きい数

(   )

② 2番目に大きい数

(   )

③ 一番小さい数

(   )

④ 2番目に小さい数

(   )

❹ 0から9までの数字カードを1まいずつ使って、3000000000に一番近い数
をつくります。

① 3000000000より小さくて一番近い数をつくりましょう。

(   )

② 3000000000より大きくて一番近い数をつくりましょう。

(   )

③ 3000000000に一番近い数はいくつになりますか。

(   )

5 式と計算

① （ ）のある式

✏ 次の□にあてはまる数を書きましょう。

ねらい （ ）のある式の計算ができるようにしよう。　　　練習 ① ③ →

（ ）のある式の計算のしかた

（ ）のある式では、（ ）の中をひとまとまりとみて、先に計算します。

$500-(230+170)=500-\underset{①}{400}=\underset{②}{100}$

$(25-20)\times8=\underset{①}{5}\times8=\underset{②}{40}$

①、②の順で計算するんだね。

1 $(76-12)\div8$ を計算しましょう。

とき方 （ ）の中を先に計算すると、$76-12=$①□

次に、$64\div8=$②□

だから、$(76-12)\div8=$③□ となります。

$(76-12)\div8$
$=64\div8$
$=8$

ねらい （ ）を使った式のつくり方を理かいしよう。　　　練習 ② ④ →

500円で、320円のおかしと150円のジュースを買いました。おつりは何円ですか。

（ ）を使った式

500－（買った全部の代金）
$500-(320+150)=30$
　　　　答え 30円

（ ）を使わない式

500－（おかしの代金）－（ジュースの代金）
$500-320-150=30$
　　　　答え 30円

2 ボールペンがどれも1本90円で売られています。黒のボールペンを5本と赤のボールペンを3本買いました。全部の代金はいくらですか。

とき方 代金を求めることばの式は、

（1本のねだん）×（全部の本数）＝（全部の代金）

この式にそれぞれの数をあてはめると、

①□×（②□+3）＝90×③□
　　　＝④□　　　　答え ⑤□ 円

★ できた問題には、「た」を書こう！★

でき ① でき ② でき ③ でき ④

教科書 82〜85 ページ　答え 11 ページ

！まちがい注意

1 計算をしましょう。 　　　　　　　　　　教科書 83ページ **1**

① 75−(15+25)

② (50−32)+22

③ 1000−(740−450)

④ 82−(58−26)

2 1000 円で、480 円の本と 150 円のノートを買いました。
おつりはいくらですか。（　）を使って 1 つの式に表してから、答えを求めましょう。

教科書 83ページ **1**

式

答え （　　　　　　　）

3 計算をしましょう。 　　　　　　　　　　教科書 85ページ **2**

① 10×(42+3)

② (85−35)×20

③ (43+29)÷9

④ 28÷(11−4)

⑤ 240÷(2×3)

⑥ 40×(12÷3)

4 長さ 270 cm のテープを、5 cm のテープ 1 つと 4 cm のテープ 1 つのセットになるように分けます。何セットできますか。（　）を使って 1 つの式に表してから、答えを求めましょう。

教科書 85ページ **2**

式

答え （　　　　　　　）

ヒント ② （はらったお金）−（全部の代金）＝（おつり）にあてはめて考えます。

ぴったり 1
じゅんび

5 式と計算
② ＋、－と×、÷のまじった式
③ 計算のきまり

学習日　　　月　　日

教科書　86〜89ページ　答え　11ページ

✏ 次の ☐ にあてはまる数を書きましょう。

◎ねらい ＋、－と×、÷のまじった式の計算ができるようにしよう。　　練習 ①②→

🐾 ＋、－と×、÷のまじった式の計算

＋、－と×、÷のまじった式では、

かけ算やわり算をひとまとまりとみて、先に計算します。

（ ）がなくても、×や÷は
＋、－より先に計算するんだよ。

$$56 \div 7 - 3 \times 2 = \underset{①}{8} - \underset{②}{6} = \underset{③}{2}$$

1 6×9＋48÷8 を計算しましょう。

とき方 かけ算やわり算を先に計算します。

$$6 \times 9 + 48 \div 8 = \boxed{}^{①} + \boxed{}^{②} = \boxed{}^{③}$$

2 1本 50 円のえん筆 6本と、1こ 40 円の消しゴム 3こを買いました。全部の代金はいくらですか。

とき方 全部の代金を求める言葉の式は、

（えん筆の代金）＋（消しゴムの代金）＝（全部の代金）

$$50 \times \boxed{}^{①} + 40 \times \boxed{}^{②} = \boxed{}^{③} + \boxed{}^{④}$$

$$= \boxed{}^{⑤}$$

答え $\boxed{}^{⑥}$ 円

◎ねらい 計算のきまりをまとめよう。　　練習 ③→

🐾 **計算のきまり**

分配のきまり　（○＋△）×□＝○×□＋△×□、（○－△）×□＝○×□－△×□
交かんのきまり　○＋△＝△＋○、○×△＝△×○
結合のきまり　（○＋△）＋□＝○＋（△＋□）、（○×△）×□＝○×（△×□）

3 17×9＋13×9 を計算しましょう。

とき方 あたえられた式どおりに計算すると、17×9＋13×9＝153＋$\boxed{}^{①}$

$= \boxed{}^{②}$ となります。計算のきまりを使うと、（17＋13）×9＝$\boxed{}^{③}$ ×9

$= \boxed{}^{④}$ となって、計算が速くできます。

ぴったり 2
練習
★ できた問題には、「た」を書こう！★

でき ① でき ② でき ③

学習日
月　　　日

教科書 86〜89 ページ　答え 11 ページ

! まちがい注意

1 計算をしましょう。　　　　　　　教科書 86 ページ **1**、87 ページ **2**

① 250+12×5

② 580−40×6

③ 2×25+15×4

④ 800÷2−420÷7

⑤ 35+(83−29)×5

⑥ 140−(70−20÷5)

2 1 こ 30 円のガムを 8 ことと、1 こ 25 円のあめを 10 こ買いました。全部の代金はいくらですか。1 つの式に表してから、答えを求めましょう。　教科書 87 ページ **2**

式

答え（　　　　　　　　　）

3 くふうして計算しましょう。　　　　　教科書 88 ページ **1**

① 11×25×4

② 17.9+56+2.1

③ 37×18+37×22

④ 152×25−52×25

● ヒント　**3**　② 小数のときも、整数と同じように計算のきまりが使えます。

39

⑤ 式と計算

教科書 82～91 ページ 答え 12 ページ

知識・技能 ／70点

1 次の計算はどちらが正しいですか。正しいほうに○をかきましょう。　各5点(10点)

① ⑦（　　）25＋5×3＝90 　　② ⑦（　　）48−8÷4＝10

　 ④（　　）25＋5×3＝40 　　　 ④（　　）48−8÷4＝46

2 よく出る 計算をしましょう。　各5点(30点)

① 84＋(42−26) 　　　　　② 70×(28−16)

③ 320÷(2×4) 　　　　　④ 5×8＋15÷3

⑤ 65−12×4 　　　　　⑥ 23−(60−24)÷6＋8

3 くふうして計算しましょう。　各5点(10点)

① 19＋23.8＋6.2 　　　　② 14×23＋6×23

4 □にあてはまる数を書きましょう。　それぞれ全部できて 5点(10点)

① 65×9＝(□＋5)×9 　　② 98×7＝(□−2)×7

　　　＝□×9＋5×□ 　　　　　　＝□×7−2×□

　　　＝□＋45 　　　　　　　　　＝□−14

　　　＝□ 　　　　　　　　　　　＝□

できたらスゴイ！

5 次の３つの式を、１つの式にまとめましょう。　　　　　　　　各5点（10点）

① 　432÷8＝54
　　 14×9＝126
　　 54＋126＝180

② 　28＋12＝40
　　 45−25＝20
　　 40÷20＝2

（　　　　　　　　　　　） （　　　　　　　　　　　　　）

思考・判断・表現　　　　　　　　　　　　　　　　　　　　　／30点

6 よく出る 次の問題を、それぞれ１つの式に表し、答えを求めましょう。

式・答え 各5点（20点）

① 　レストランで、520円のカレーライスと280円のケーキを注文しました。
　代金を1000円札ではらうと、おつりはいくらになりますか。

　式

　　　　　　　　　　　　　　　　　　　答え（　　　　　　　　　）

② 　赤と青の色紙が、合わせて500まいあります。そのうち、赤い色紙は185まい
です。残りの青い色紙を9人で同じ数ずつ分けます。
　１人分は何まいになりますか。

　式

　　　　　　　　　　　　　　　　　　　答え（　　　　　　　　　）

7 　5人に赤い色紙と青い色紙を分けます。赤い色紙は１人に24まいずつ、青い色
紙は130まいを5人に同じ数ずつ分けました。１人分の赤と青の色紙は合わせて何
まいですか。
　１つの式に表してから、答えを求めましょう。

式・答え 各5点（10点）

　式

　　　　　　　　　　　　　　　　　　　答え（　　　　　　　　　）

ふりかえり ❶がわからないときは、38ページの❶にもどってかくにんしてみよう。

6 垂直、平行と四角形

① 直線の交わり方

教科書 92～97 ページ　答え 13 ページ

✎ 次の □ にあてはまることばや記号を書き、図をかきましょう。

◎ねらい 垂直について理かいしよう。　練習 ①②→

2本の直線が交わってできる角が直角のとき、この2本の直線は**垂直**であるといいます。

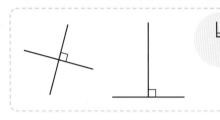

└ は直角を表すよ。

1 右の図で、直線⑦に垂直な直線はどれですか。

とき方 三角じょうぎの直角を合わせて調べることができます。

直線⑪をのばすと、⑦と交わって直角ができます。このようなときも、⑦と⑪は ① [　　] であるといいます。

⑦と垂直な直線は、

、、 です。

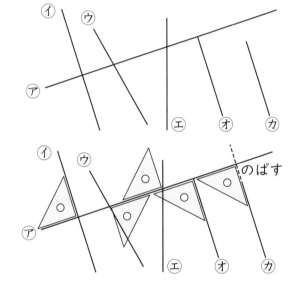

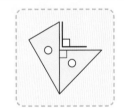

のばす

◎ねらい 2まいの三角じょうぎを使って、垂直な直線がひけるようにしよう。　練習 ③④→

1まいの三角じょうぎの辺に、もう1まいの三角じょうぎの直角のある辺を合わせて、直角をつくります。

この直角を使って、垂直な直線をひきます。

2 2まいの三角じょうぎを使って、右の点Aを通り直線⑦に垂直な直線をひきましょう。

•A

とき方 直線⑦に三角じょうぎを合わせ、もう1まいの三角じょうぎの □ のある辺を、直線⑦と点Aに合わせます。

点Aを通る直線をひきます。

⑦ ——————

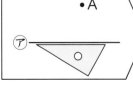

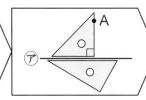

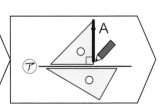

教科書　92〜97 ページ　➡ 答え　13 ページ

1 右の図で、直線㋐をのばすと、直線㋑とどのように交わりますか。　教科書 93ページ **1**

(　　　　　　　　　)

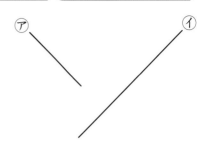

「垂直」は、2本の直線の交わり方を表すことばで、「直角」は、90°の大きさや形を表すことばだよ。「直線㋐と㋑は直角だ」とはいわないよ。

2 右の図で、直線㋐に垂直な直線はどれですか。全部見つけましょう。　教科書 93ページ **1**

(　　　　　　　　　)

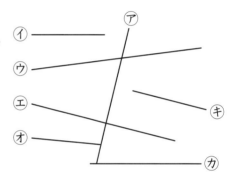

3 右の直線㋐に垂直な直線を3本ひきましょう。　教科書 96ページ **2**

4 点Aを通って、直線㋐に垂直な直線をひきましょう。　教科書 96ページ **2**

①　　　　　　　　　　　②

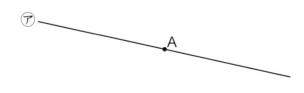

ヒント
❶ 交わっていなくても、のばして交わった角が直角のとき、垂直といいます。
❷ ㋑、㋖は直線㋐と交わるまでのばして、交わる角度を調べます。

43

ぴったり1
じゅんび

6 垂直、平行と四角形
② 直線のならび方

学習日 月 日

教科書 98〜103ページ　答え 13ページ

次の◯にあてはまる記号を書き、図をかきましょう。

◎ねらい 平行について理かいしよう。　練習 ❶ ❷ ❸→

☆ | 本の直線に垂直な2本の直線は、平行であるといいます。

☆平行な直線は、他の直線と等しい角度で交わります。

1 右の図で、平行になっている直線は、どれとどれですか。

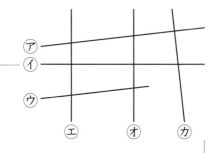

とき方 直線の交わり方を三角じょうぎで調べます。

直線①[　　]と直線⑦は、どちらも直線②[　　]
└→のばして調べます。
に垂直です。

直線㋓と直線③[　　]は、どちらも直線④[　　]に垂直です。

平行になっている直線は、⑤[　　]と⑦、㋓と⑥[　　]です。

◎ねらい 2まいの三角じょうぎを使って、平行な直線がひけるようにしよう。　練習 ❹→

「平行な直線は、他の直線と等しい角度で交わる」ことを使ってひきます。

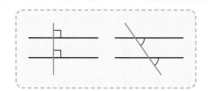

2 2まいの三角じょうぎを使って、右の点Aを通り
直線㋐に平行な直線をひきましょう。

とき方 直線㋐に三角じょうぎを合わせ、もう | まい
合わせてから、点[　　]に合うまで動かします。

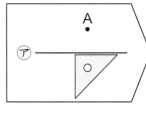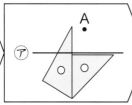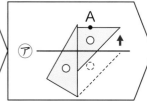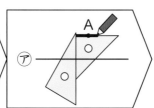

三角じょうぎの他の辺を合わせても、同じようにして平行な直線がひけます。

ぴったり2 練習

★ できた問題には、「た」を書こう！★

でき ① でき ② でき ③ でき ④

学習日 　月　　日

教科書 98〜103 ページ ▷ 答え 14 ページ

1 右の図で、平行になっている直線はどれとどれですか。全部見つけましょう。

教科書 98 ページ 1

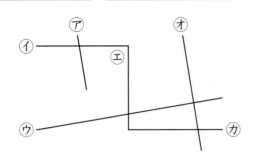

(　　　　　　　　　　　)

2 下の直線⑦と④は平行です。直線⑦と④のはばは何 cm ですか。
⑦と④に垂直な直線をひいて調べましょう。

教科書 99 ページ 2

⑦ ————————————————

> 平行な直線のはばは、どこも等しくなっているよ。
> 平行な直線は、どこまでのばしても交わらないよ。

④ ————————————————

(　　　　　　)

3 直線⑦と④、直線⑦と④は、それぞれ平行です。㋒、㋖、㋗、㋘の角度は、それぞれ何度ですか。

教科書 100 ページ 3

㋒ (　　　　　　) 　㋖ (　　　　　　)

㋗ (　　　　　　) 　㋘ (　　　　　　)

4 点Aを通って、直線⑦に平行な直線をひきましょう。

教科書 102 ページ 5

① 　　　　　　　　　　　　　　②

⑦
　　　　　•A

⑦ ————————————————

　　　　　•A

● ヒント

② ⑦と④に垂直な直線をひいて、アとイにはさまれた直線の長さをはかります。

③ 平行な直線は、他の直線と等しい角度で交わることを使います。

ぴったり **1**
じゅんび
3分でまとめ

6 垂直、平行と四角形
③ いろいろな四角形

学習日 　月　　日

📖教科書 104〜109 ページ ⇨答え 14 ページ

✏️ 次の◯◯◯にあてはまる数やことばや記号を書きましょう。

◎ねらい 台形について理かいしよう。　　　　　　　　練習 ❶ ❹ →

　　向かい合った1組(ひとくみ)の辺(へん)が平行な四角形を、台形(だいけい)と
いいます。

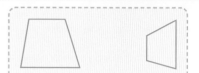

1 右の図のような台形をかきましょう。

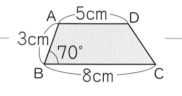

とき方 まず、8cm の直線BCをひき、分度器(ぶんどき)で角Bの

角度 ①◯◯◯◯ °をはかり、3cm の直線をひきます。

　台形は、向かい合った1組の辺が ②◯◯◯◯ なので、辺BCに平行な5cm の
直線ADをひき、最後(さいご)にDとCを結(むす)びます。

◎ねらい 平行四辺形の特(とく)ちょうを理かいしよう。　　練習 ❷ ❸ ❹ →

　　向かい合った2組(ふたくみ)の辺が平行な四角形を、
平行四辺形(へいこうしへんけい)といいます。

⭐向かい合った辺の長さは等しい。

⭐向かい合った角の大きさも等しい。

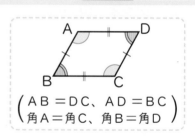

(AB＝DC、AD＝BC
角A＝角C、角B＝角D)

2 右の図のような平行四辺形をかきましょう。

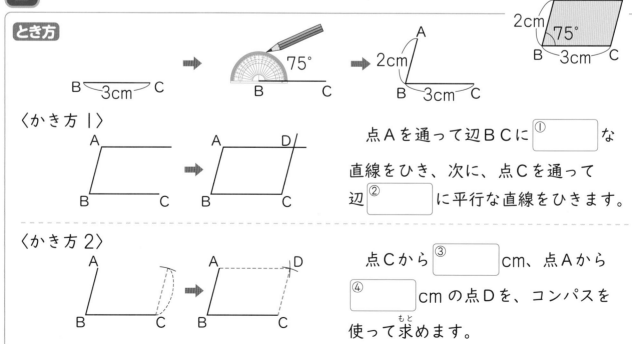

とき方

〈かき方1〉

点Aを通って辺BCに ①◯◯◯◯ な

直線をひき、次に、点Cを通って

辺 ②◯◯◯◯ に平行な直線をひきます。

〈かき方2〉

点Cから ③◯◯◯◯ cm、点Aから

④◯◯◯◯ cm の点Dを、コンパスを

使(つか)って求(もと)めます。

📖 教科書　104〜109ページ　➡ 答え　14ページ

1　次の⑧〜⑧のうち、台形はどれですか。

教科書　104ページ**1**

(　　　　　)

2　次の⑧〜⑧のうち、平行四辺形はどれですか。

教科書　104ページ**1**

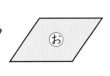

(　　　　　)

3　**右の四角形は平行四辺形です。**

教科書　108ページ**3**

① 辺ＡＢの長さは何cmですか。

(　　　　　)

② 辺ＢＣの長さは何cmですか。

(　　　　　)

③ 角Ｄの大きさは何度ですか。

(　　　　　)

④ 角Ｃの大きさは何度ですか。

(　　　　　)

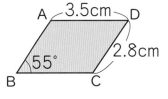

4　**図のような台形や平行四辺形をかきましょう。**

教科書　109ページ**4**

①

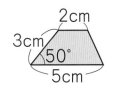

②

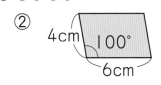

😊 ヒント　**3**　① 辺ＡＢと長さの等しい辺は辺ＤＣです。

ぴったり 1
じゅんび

⑥ 垂直、平行と四角形

④ ひし形　⑤ 対角線
⑥ 四角形のしきつめ

学習日

月　　日

📖 教科書 110〜115 ページ　⇒ 答え 15 ページ

✏ 次の□にあてはまる数やことばや記号を書きましょう。

🎯 ねらい　ひし形の特ちょうを理かいしよう。　　練習 ❶ ❷ →

　　辺の長さが全部等しい四角形を、**ひし形**といい
ます。ひし形では、

⭐向かい合った辺は平行。
⭐向かい合った角の大きさは等しい。

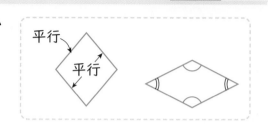

1 右の図のようなひし形をかきましょう。

とき方 まず、5cm の直線BCをひき、分度器で角 ①[　　] の
角度 60° をはかり、5cm の直線をひきます。
　次に、コンパスを使って点Aを中心とする半径 ②[　　] cm の円をかき、同じよ
うにして点Cを中心とする半径 ③[　　] cm の円をかき、交わる点をDとします。
　Aと ④[　　]、Cと ⑤[　　] を直線で結ぶと、ひし形ができます。

🎯 ねらい　いろいろな四角形の特ちょうを理かいしよう。　　練習 ❸ ❹ →

🐾 **対角線**

　向かい合った2つの頂点を結んだ直線を**対角線**といいます。

(1)　長方形と正方形は、いつでも2本の対角線の長さが等しい。

台形　　平行四辺形　　ひし形　　長方形　　正方形

(2)　ひし形と正方形は、いつでも2本の対角線が垂直である。

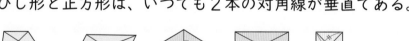

台形　　平行四辺形　　ひし形　　長方形　　正方形

四角形には、
対角線が2本
あるよ。

2 (1)　正方形と ①[　　] は、2本の対角線が ②[　　] に交わります。

(2)　正方形と ①[　　] は、2本の対角線の ②[　　] が等しい。

(3)　2本の対角線がそれぞれの ①[　　] の点で交わる四角形は、②[　　]、
ひし形、長方形、③[　　] です。

1 右の図のようなひし形があります。

教科書 110ページ **1**

① 平行になっている辺の組を全部書きましょう。

(   )

② 辺ＡＢと等しい長さの辺を全部書きましょう。

(   )

③ 等しい角の組を書きましょう。 (   )

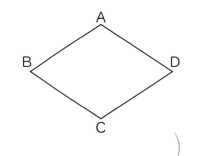

2 下の図は、ひし形をとちゅうまでかいたものです。この続きをかいて、ひし形をかきましょう。

教科書 110ページ **1**

①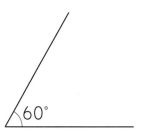
60°

②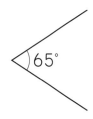
65°

! まちがい注意

3 次の四角形の対角線の交わり方を調べ、あてはまる図の記号を（　）の中に書きましょう。

教科書 113ページ **2**

ア イ ウ エ オ カ

① ２本の対角線の長さが等しい四角形 (   )

② ２本の対角線が垂直に交わる四角形 (   )

③ 対角線が、それぞれの真ん中の点で交わる四角形 (   )

4 ２本の対角線を５cmと３cmとして、次の四角形をかきましょう。

① 平行四辺形

② ひし形

教科書 113ページ **2**

● ヒント ④ 対角線の交わり方に着目して、かきます。

⑥ 垂直、平行と四角形

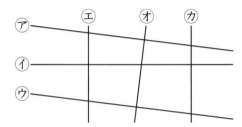
知識・技能　　　　　　　　　　　　　　　　　　　　　　　／82点

1 よく出る **右の図を見て答えましょう。**　　　　各7点(14点)

① 垂直になっている直線はどれとどれですか。全部見つけましょう。

（　　　　　　　　　　　　　　）

② 平行になっている直線はどれとどれですか。全部見つけましょう。

（　　　　　　　　　　　　　　）

2 **右の平行四辺形について、次の問題に答えましょう。**　各7点(14点)

① 辺BCの長さは何cmですか。

（　　　　　　　）

② 角Aの大きさは何度ですか。

（　　　　　　　）

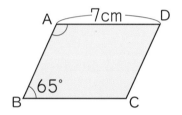

3 **右のひし形について、次の問題に答えましょう。**　各7点(14点)

① 辺BCの長さは何cmですか。

（　　　　　　　）

② 角Bの大きさは何度ですか。

（　　　　　　　）

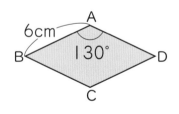

4 よく出る **次の表は、四角形の対角線についてまとめたものです。いつでもあてはまることに、○をつけましょう。**　　全部できて正答(8点)

	正方形	長方形	ひし形	平行四辺形	台　形
① 2本の対角線の長さが等しい					
② 2本の対角線が垂直である					
③ 2本の対角線がそれぞれの真ん中の点で交わる					

→ この本の終わりにある「夏のチャレンジテスト」をやってみよう！

5 よく出る **次の直線をひきましょう。**　　　　　　　　各8点（24点）

① 点Aを通り、直線⑦に垂直な直線　　② 点Aを通り、直線⑦に平行な直線

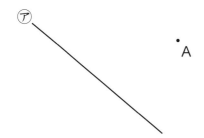
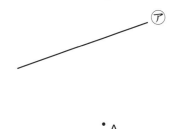

③ 点Aを通り、直線⑦に平行な直線と、点Bを通り、直線⑦に垂直な直線

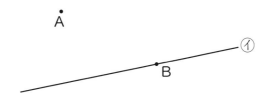

6 よく出る **下の図は、平行四辺形をとちゅうまでかいたものです。この続きをかいて、平行四辺形をかきましょう。**　　　　　　　　(8点)

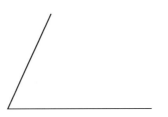

思考・判断・表現　　　　　　　　　　　　　/18点

できたらスゴイ！

7 **2本の直線を、それぞれの真ん中の点で交わるようにひきました。**　　各9点（18点）

① この2本の直線を対角線として四角形をかくと、どんな四角形ができますか。

　　　　　　　（　　　　　　　　　）

② この2本の直線が垂直に交わるとき、それらを対角線としてかいた四角形は、どんな四角形ですか。

　　　　　　　（　　　　　　　　　）

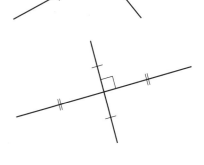

❶がわからないときは、42ページの❶、44ページの❶にもどってかくにんしてみよう。

ぴったり **1**
じゅんび
3分でまとめ
7 がい数
① **がい数**
学習日　月　日

教科書 120〜127 ページ ▷ 答え 16 ページ

✎ 次の◯◯にあてはまる数やことばを書きましょう。

◎ねらい 四捨五入して、がい数で表せるようにしよう。 練習 ❶❷❸→

🐾 **がい数と四捨五入**

およその数のことを**がい数**といいます。

がい数で表すには、表したい位のすぐ下の位の数字が、0、1、2、3、4のときは**切り捨て**て、5、6、7、8、9のときは**切り上げ**ます。

このような方法を**四捨五入**といいます。

1 57260 を四捨五入して、一万の位までのがい数にしましょう。

とき方 一万の位までのがい数だから、◯①◯ の位の数字を四捨五入します。

◯②◯ の位の数字が ◯③◯ だから、

切り◯④◯ て、約◯⑤◯ となります。

「◯の位までのがい数」と、「上から◯けたのがい数」の求め方があるよ。

2 75432 を四捨五入して、上から2けたのがい数にしましょう。

とき方 上から2けたのがい数だから、上から◯①◯ けた目の数字を四捨五入します。

上から◯②◯ けた目の数字が ◯③◯ だから、切り◯④◯ て、

約◯⑤◯ となります。

◎ねらい 数のはんいを表す言葉をおぼえよう。 練習 ❹→

🐾 **数のはんい**

★**以上**…その数か、その数より大きいこと。例 30 以上の整数 → 30、31、32、…
★**以下**…その数か、その数より小さいこと。例 30 以下の整数 → 30、29、28、…
★**未満**…その数より小さいこと。例 30 未満の整数 → 29、28、27、…

3 四捨五入して、百の位までのがい数にするとき、300になる整数のはんいを以上、以下、未満を使って表しましょう。

とき方 四捨五入して、百の位までのがい数にするとき、300となる整数は、

◯①◯ 以上◯②◯ 以下です。

または、◯③◯ 以上◯④◯ 未満です。

250　300　350

350は入らない

教科書 120〜127 ページ　　答え 16 ページ

1 次の数は、〔　　〕の中の数のどちらに近いですか。
近いほうの数に○をつけましょう。

教科書 121 ページ **1**、122 ページ **2**

① 777 〔700、800〕

② 2870 〔2800、2900〕

③ 14190 〔14000、15000〕

④ 52498 〔52000、53000〕

2 四捨五入して、（　　）の中の位までのがい数にしましょう。

教科書 124 ページ **3**

① 1638 （百）
（　　　　　　）

② 6909 （千）
（　　　　　　）

③ 3252 （百）
（　　　　　　）

④ 70255 （千）
（　　　　　　）

⑤ 28457 （一万）
（　　　　　　）

⑥ 895143 （一万）
（　　　　　　）

3 四捨五入して、上から2けたのがい数にしましょう。

教科書 125 ページ **4**

① 33256
（　　　　　　）

② 54680
（　　　　　　）

③ 909090
（　　　　　　）

④ 111414
（　　　　　　）

!まちがい注意

4 四捨五入して、千の位までのがい数にするとき、
235000 になる整数のはんいを求めましょう。

教科書 126 ページ **5**

（　　　　　　）以上（　　　　　　）以下

千の位までのがい数に
するときは、百の位を
四捨五入するんだよ。

 ヒント **1** ①は上から1けた、②〜④は上から2けたのがい数にしてみましょう。

じゅんび

7 がい数

② がい数の計算

教科書 129〜132 ページ ／ 答え 16 ページ

✏ 次の ☐ にあてはまる数やことばを書きましょう。

◎ **ねらい** がい数の計算ができるようにしよう。 練習 ① ② ③ ➡

🐾 **がい数の計算のしかた**

☆和や差を見積もるときは、**求めたい位までのがい数**にしてから計算します。

☆積や商を見積もるときは、**上から1けたのがい数**などにしてから計算します。

1 右の表は、ある遊園地の入園者数を調べたものです。

土曜日と日曜日の入園者数は合わせて約何万何千人ですか。また、どちらの曜日が約何千人多いですか。

曜日	入園者数
土曜日	6942 人
日曜日	9487 人

とき方 求めたい人数は何千人までのがい数だから、

① ☐ の位を四捨五入します。

土曜日の入園者数をがい数にすると約 ② ☐ 人

日曜日の入園者数をがい数にすると約 ③ ☐ 人

土曜日と日曜日の入園者数の合計は、

④ ☐ ＋ ⑤ ☐ ＝ ⑥ ☐

電たくを使ってじっさいの数を計算してみよう。

答え 約 ⑦ ☐ 人

土曜日と日曜日の入園者数のちがいは、

⑧ ☐ － ⑨ ☐ ＝ ⑩ ☐

答え ⑪ ☐ 曜日が約 ⑫ ☐ 人多い。

2 1人に19cmずつ18人にリボンを配ります。リボンは約何cmあればよいですか。

とき方 (1) がい数にして、積の大きさを見積もりましょう。

① ☐ × ② ☐ ＝ ③ ☐

答え 約 ④ ☐ cm

(2) じっさいに何cmあればよいかを求めましょう。

19×18＝ ① ☐

答え ② ☐ cm

3 3984gの米を8等分します。1つ分は約何gになりますか。

とき方 (1) 上から1けたのがい数にして、商の大きさを見積もりましょう。

① ☐ ÷ ② ☐ ＝ ③ ☐

答え 約 ④ ☐ g

(2) じっさいに何gになるかを求めましょう。

3984÷8＝ ① ☐

答え ② ☐ g

教科書 129〜132ページ 　答え 16ページ

！まちがい注意

1 〔　　〕の位までのがい数にして、計算しましょう。　　教科書 129ページ **1**

① 96743＋35268

〔百の位まで〕　　　　　　　　　　　　　　　（　　　　　　　）

〔千の位まで〕　　　　　　　　　　　　　　　（　　　　　　　）

〔一万の位まで〕　　　　　　　　　　　　　　（　　　　　　　）

② 74982－23765

〔百の位まで〕　　　　　　　　　　　　　　　（　　　　　　　）

〔千の位まで〕　　　　　　　　　　　　　　　（　　　　　　　）

〔一万の位まで〕　　　　　　　　　　　　　　（　　　　　　　）

2 上から1けたのがい数にして、次の積や商の大きさを見積もりましょう。
また、じっさいに計算してみましょう。　　教科書 130ページ **2**

① 78×63　　　　　　　　　　　　② 927÷9

　見積もり（　　　　　　）　　　　　　見積もり（　　　　　　）

　じっさい（　　　　　　）　　　　　　じっさい（　　　　　　）

3 さとしさんは、スーパーで買い物をしました。
1000円以上の買い物をするとくじ引きができます。
右の3つの品物を買うと、くじ引きができるか、がい
数を使って見積もります。　　教科書 131ページ **3**

| りんご…310円 |
| みかん…230円 |
| メロン…580円 |

① 3つの品物の代金の十の位を切り捨てて見積もりますか、切り上げて見積もり
ますか。また、答えた見積もり方で代金を見積もりましょう。

（　　　　　　　　　）（　　　　　　　）

② さとしさんは、くじ引きができますか。　　　　　　（　　　　　　　）

●ヒント ❸ ② ①の答えが1000円以上かどうかで考えます。

知識・技能   /70点

1 次の⑧〜⑦のうち、がい数で表されているものを2つ選びましょう。 (10点)

⑧ きのうのサッカーの試合の入場者数は 3 万人でした。

⑥ 算数のテストの点は 90 点でした。

⑦ このハンバーガーのねだんは 300 円です。

⑦ ひろとさんの家からおじさんの家までは 20 km あります。

(   )

2 次の数を四捨五入して、がい数で表しましょう。 各5点(30点)

	73529	50600
千の位までのがい数	①	②
一万の位までのがい数	③	④
上から2けたのがい数	⑤	⑥

3 7以上 11 以下の整数を全部たした和を求めましょう。 (5点)

(   )

4 よく出る 四捨五入して百の位までのがい数にしたとき、2600 となる整数のはんいを、以上、未満を使って表しましょう。 (5点)

(   )

56

5 〔 〕の中のがい数にして、計算しましょう。　　各5点(20点)

① 139675＋24985 〔百の位まで〕　　　　（　　　　　　　　　）

② 96385－72490 〔千の位まで〕　　　　（　　　　　　　　　）

③ 2305×398 〔上から1けた〕　　　　　（　　　　　　　　　）

④ 39026÷5135 〔上から1けた〕　　　　（　　　　　　　　　）

思考・判断・表現　　　　　　　　　　　　　　　／30点

6 ひろきさんは、近くの水族館に行くことになりました。電車代、おかし代、食事代を調べたところ、右のようになりました。いくら持って行けば安心か、がい数を使って見積もります。

電車代	580 円
おかし代	390 円
食事代	820 円

　3つの代金の十の位を、切り捨てて見積もりますか、切り上げて見積もりますか。また、答えた見積もり方で代金を見積もりましょう。　　各5点(10点)

（　　　　　　　　　）（　　　　　　　　　）

7 784このあめを8こずつふくろにつめます。あめのふくろは約何ふくろできますか。上から1けたのがい数にして、答えの見当をつけましょう。また、じっさいに何ふくろできるかを求めましょう。　　各5点(10点)

見当（　　　　　　　　　）　じっさい（　　　　　　　　　）

8 よく出る ある市の人口を四捨五入して、上から3けたのがい数で表したら、474000人でした。　　各5点(10点)

① 一番少ない場合として考えられる人口は、何人ですか。

（　　　　　　　　　）

できたらスゴイ!

② このがい数になる一番多い人口と、一番少ない人口の差は、何人になりますか。

（　　　　　　　　　）

ふりかえり 2 がわからないときは、52ページの 1 2 にもどってかくにんしてみよう。

3分でまとめ

⑧ 2けたの数でわる計算

① 何十でわる計算

教科書 135〜137 ページ ▷ 答え 18 ページ

✎ 次の ◯ にあてはまる数を書きましょう。

◎ねらい 何十でわる計算ができるようにしよう。　　練習 ❶ ❷ ❸ →

🐾 何十でわる計算

何十でわる計算では、**10 をもとにして**考えます。

80÷40　◀　80 は 10 が8こ、40 は 10 が4こ集まった数
　　↓
8÷4＝2　だから、80÷40＝2

1 160÷20 の計算をしましょう。

とき方 160 は 10 が ^①◯ こ、20 は 10 が ^②◯ こ集まった数なので、
^③◯ ÷2 と考えて計算すると、答えは同じになります。
だから、160÷20＝^④◯

◎ねらい 何十でわってあまりのある計算ができるようにしよう。　　練習 ❶ ❹ ❺ →

🐾 わりきれない計算

何十でわる計算でわりきれないとき、あまりがでたら、そのあまりの大きさに注意します。

170÷30 の計算は、10 をもとにして考えると、
　　↓
17÷3 の答えと同じになります。

17÷3＝5 あまり2

10 をもとにしたので、あまりの2は、10 が2ことなります。

つまり、170÷30＝5 あまり 20

2 370÷90 の計算をしましょう。

とき方 10 をもとにして考えると、37÷^①◯

これを計算すると、37÷^②◯ ＝^③◯ あまり 1

このあまり1は、10 が1こで、^④◯ のことです。

つまり、370÷90＝^⑤◯ あまり ^⑥◯

わり算の答えは、
わる数×商 ＋ あまり ＝ わられる数
の式でたしかめよう。

ぴったり 2 練習

★ できた問題には、「た」を書こう！★

でき ① でき ② でき ③ でき ④ でき ⑤

学習日　月　日

教科書　135～137ページ　答え　18ページ

1 次のわり算を、10をもとにして考えると、どんな式になりますか。

教科書 135ページ **1**

① 80÷20　　　→　　（　　　　　　）

② 180÷90　　→　　（　　　　　　）

③ 420÷70　　→　　（　　　　　　）

2 計算をしましょう。

教科書 135ページ **1**

①　150÷50　　　　　　②　490÷70

③　360÷60　　　　　　④　720÷80

3 300このたまごを60こずつ箱に入れます。箱はいくつできますか。

教科書 135ページ **1**

式

答え（　　　　　　）

4 商とあまりを求めましょう。

教科書 137ページ **2**

①　70÷20　　　　　　②　390÷60

③　600÷80　　　　　　④　740÷90

5 500円持っています。1本70円のえん筆は何本買えて、何円あまりますか。

教科書 137ページ **2**

式

答え（　　　　　　　　　　　）

● ヒント　④ あまりの大きさに気をつけましょう。10をもとに考えたときのあまりの数は、10がいくつ分と考えます。

59

ぴったり① じゅんび

8 2けたの数でわる計算

②　（2けた）÷（2けた）の筆算

教科書 138〜142ページ　➡ 答え 18ページ

✎ 次の □ にあてはまる数やことばを書きましょう。

◎ねらい （2けた）÷（2けた）の筆算ができるようにしよう。　練習 ①〜④➡

🐾（2けた）÷（2けた）の筆算のしかた

はじめに、商が何の位にたつかを考えます。

あまりが出たら、わる数より小さいことをたしかめておこう。

$$
23\overline{)69}
$$
→
$$
\begin{array}{r} 3 \\ 23\overline{)69} \\ 69 \end{array}
$$
→
$$
\begin{array}{r} 3 \\ 23\overline{)69} \\ 69 \\ \hline 0 \end{array}
$$

わる数を20とみて、商の見当をつける。　　わる数に3をかける。23×3=69　　69−69=0

1 61÷12を計算しましょう。

とき方 61÷10とみて、商を $\boxed{①}$ と見当をつけ、一の位にたてます。

わる数12と、見当をつけた商の6との積は $\boxed{②}$ となり、61より大きくなってしまいます。

そこで、たてた商の6を1 $\boxed{③}$ して計算してみます。

61÷12= $\boxed{④}$ あまり $\boxed{⑤}$

$$
\begin{array}{r} 6 \\ 12\overline{)61} \\ 72 \end{array}
$$
ひけない
→
$$
\begin{array}{r} 5 \\ 12\overline{)61} \\ 60 \\ \hline 1 \end{array}
$$

見当をつけた商が大きすぎたときは、1ずつ小さくしていこう。

2 82÷26を計算しましょう。

とき方 82÷30とみて、商を $\boxed{①}$ と見当をつけ、一の位にたてます。

わる数26と、見当をつけた商の2との積は $\boxed{②}$ となり、あまりがわる数の26より $\boxed{③}$ なってしまいます。

そこで、たてた商の2を1大きくして計算してみます。

82÷26= $\boxed{④}$ あまり $\boxed{⑤}$

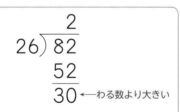
$$
\begin{array}{r} 2 \\ 26\overline{)82} \\ 52 \\ \hline 30 \end{array}
$$
←わる数より大きい

⬇

$$
\begin{array}{r} 3 \\ 26\overline{)82} \\ 78 \\ \hline 4 \end{array}
$$

見当をつけた商が小さすぎたときは、1大きくしてみよう。

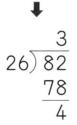

練習

★ できた問題には、「た」を書こう！★

でき 1　でき 2　でき 3　でき 4

📖 教科書　138～142 ページ　➡ 答え　18 ページ

1　計算をしましょう。

教科書　138 ページ 1

① 32)96　　② 42)84　　③ 43)91　　④ 23)95

2　計算をしましょう。

教科書　140 ページ 2

① 24)89　　② 13)73　　③ 24)68　　④ 42)82

見当をつけた商が大きすぎた
ときは、商を小さくするんだよ。

！まちがい注意

3　計算をしましょう。

教科書　141 ページ 3

① 26)80　　② 17)75　　③ 15)92　　④ 29)88

見当をつけた商が小さすぎた
ときは、商を大きくするんだよ。

4
折り紙が 75 まいあります。18 人で同じ数ずつ分けると、1 人分は何まいになりますか。また、何まいあまりますか。

教科書　141 ページ 3

式

答え（　　　　　　　　　　　　　　）

 1・2・3　わる数を四捨五入して何十とみて、商の見当をつけましょう。あまりに注意して、見当をつけた商をなおしていきましょう。

ぴったり 1 **じゅんび**

⑧ 2けたの数でわる計算

③ （3けた）÷（2けた）の筆算

📖 教科書 143〜145 ページ　　 ➡ 答え 19ページ

✏️ 次の □ にあてはまる数やことばを書きましょう。

🎯 **ねらい** （3けた）÷（2けた）の筆算ができるようにしよう。　　　練習 ❶ ❷ →

🐾 **商が一の位にたつ場合**

わられる数の上から2けたの数とわる数をくらべて、わる数が大きいとき、商は一の位にたちます。

$$64)\overline{416}$$ ➡ $$64)\overline{416}^{\,6}$$ ➡ $$\begin{array}{r}6\\64)\overline{416}\\384\\\hline 32\end{array}$$

41と64をくらべる。64のほうが大きいから、一の位に商がたつ。

わる数を四捨五入して60として、商の見当をつける。

64×6の計算をする。

> あまりがわる数より小さいことをかくにんしよう。

1 246÷32を筆算でしましょう。

とき方 わられる数の上から2けたの数24とわる数をくらべると、わる数が大きいから、商は ① □ にたちます。
246÷30から ② □ と商の見当をつけます。
見当をつけた商が大きいときは、1小さくします。

$$\begin{array}{r}③\;□\\32)\overline{246}\\④\;□\\⑤\;□\end{array}$$

🎯 **ねらい** 商が2けたになる筆算ができるようにしよう。　　　練習 ❷ ❸ ❹ →

🐾 **商が十の位にたつ場合**

わられる数の上から2けたの数とわる数をくらべて、わる数が小さいか等しいとき、商は十の位にたちます。

$$27)\overline{405}^{\,1}$$ ➡ $$\begin{array}{r}1\\27)\overline{405}\\27\\\hline 135\end{array}$$ ➡ $$\begin{array}{r}15\\27)\overline{405}\\27\\\hline 135\\135\\\hline 0\end{array}$$

27は40より小さいから、商は十の位にたつ。

27×1=27　40−27=13

27×5=135

> はじめに、何の位から商がたつかをかくにんしよう。

2 864÷36を筆算でしましょう。

とき方 わられる数の86とわる数の36をくらべます。
36は86より小さいから、商は ① □ にたちます。
86÷40から ② □ と商の見当をつけます。

$$\begin{array}{r}2\;③\;□\\36)\overline{864}\\72\\\hline 144\\④\;□\\⑤\;□\end{array}$$

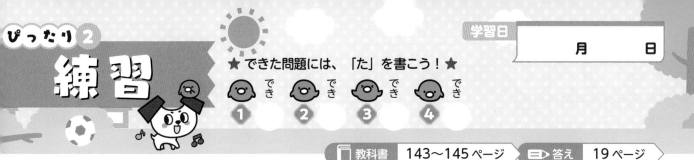

ぴったり2
練習

★ できた問題には、「た」を書こう！★
でき ① でき ② でき ③ でき ④

学習日
月　日

教科書 143〜145 ページ ▶ 答え 19 ページ

1 計算をしましょう。

教科書 143 ページ 1

①
24)144

②
43)215

③
39)204

④
82)476

2 次のわり算の商は、何の位からたちますか。

教科書 143 ページ 1 、144 ページ 2 、145 ページ 3

①
35)642

②
52)579

③
48)470

(　　　　)　　(　　　　)　　(　　　　)

3 計算をしましょう。

教科書 144 ページ 2 、145 ページ 3

①
28)308

②
27)896

③
53)722

④
28)853

4 えん筆が 671 本あります。これを 25 本ずつ束にします。

教科書 145 ページ 3

① 束はいくつできて、えん筆は何本あまりますか。

式

答え (　　　　　　　　　　　)

② あまりで、もう1束にするには、あと何本いりますか。

式

答え (　　　　　　　　　　　)

 ヒント　① ①　わる数を 20 とみて商の見当をつけます。

8 2けたの数でわる計算

④ 大きな数のわり算の筆算
⑤ わり算のきまり ⑥ かけ算かな、わり算かな

教科書 146〜149 ページ ➡ 答え 19 ページ

 次の ◯ にあてはまる数を書きましょう。

◎ねらい 大きな数のわり算を筆算でしよう。　練習 ①➡

🐾 大きな数のわり算

商が何の位にたつか、見当をつけて計算します。

$$54)\overline{3024} \quad\Rightarrow\quad \begin{array}{r} 5 \\ 54)\overline{3024} \\ 270 \\ \hline 32 \end{array} \quad\Rightarrow\quad \begin{array}{r} 56 \\ 54)\overline{3024} \\ 270 \\ \hline 324 \\ 324 \\ \hline 0 \end{array}$$

30÷54 はできないので、
302÷54 とします。
商は十の位にたちます。

54×5=270

1 3952÷152 を筆算でしましょう。

とき方

$$\begin{array}{r} ①\ \fbox{} \\ 152)\overline{3952} \\ ②\ \fbox{} \\ ③\ \fbox{} \end{array} \quad\Rightarrow\quad \begin{array}{r} 2\ ④\fbox{} \\ 152)\overline{3952} \\ 304 \\ \hline 912 \\ ⑤\fbox{} \\ \hline ⑥\fbox{} \end{array} \quad 商\ ⑦\fbox{}$$

◎ねらい わり算をくふうしてかんたんに計算できるようにしよう。　練習 ②〜④➡

🐾 わり算のきまり

わり算では、わられる数とわる数に同じ数をかけても、わられる数とわる数を同じ数でわっても、商は変わりません。

これを利用して、わり算をできるだけかんたんな数で表すと、計算がしやすくなります。

わり算をかんたんな数で表して計算しよう。

2 180÷30 をくふうして計算しましょう。

とき方 わられる数とわる数を同じ数 ①◯ でわると、

18÷②◯ となります。

これを計算すると、商は③◯ となります。

$$\begin{array}{c} 180÷30 \\ \downarrow ÷10 \quad \downarrow ÷10 \\ 18÷3 \end{array}$$

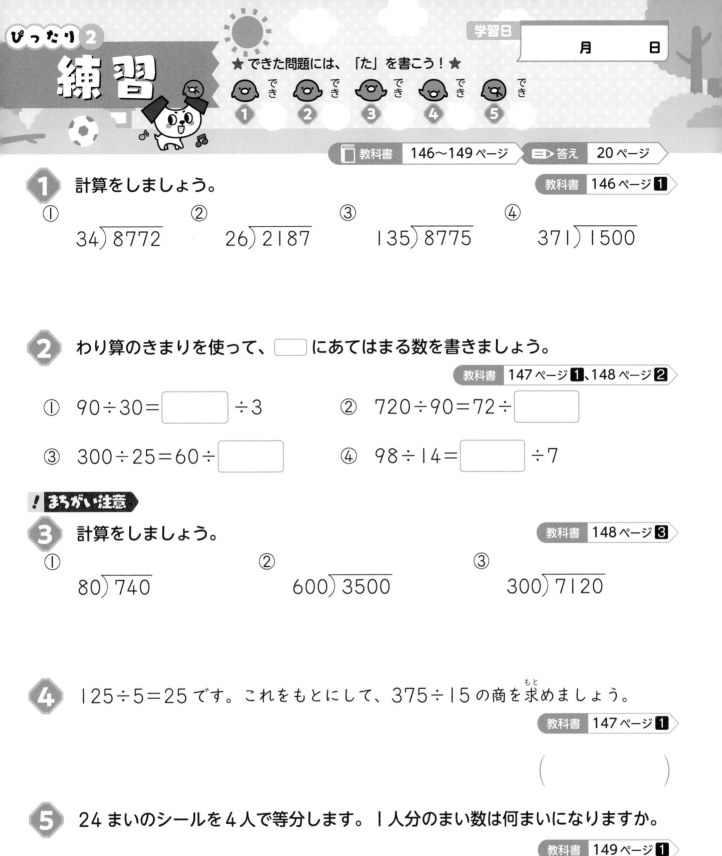

1 計算をしましょう。

教科書　146 ページ **1**

① 34)8772　② 26)2187　③ 135)8775　④ 371)1500

2 わり算のきまりを使って、□にあてはまる数を書きましょう。

教科書　147 ページ **1**、148 ページ **2**

① $90 \div 30 = \boxed{} \div 3$　② $720 \div 90 = 72 \div \boxed{}$

③ $300 \div 25 = 60 \div \boxed{}$　④ $98 \div 14 = \boxed{} \div 7$

! まちがい注意

3 計算をしましょう。

教科書　148 ページ **3**

① 80)740　② 600)3500　③ 300)7120

4 $125 \div 5 = 25$ です。これをもとにして、$375 \div 15$ の商を求めましょう。

教科書　147 ページ **1**

(　　　　　　　　　)

5 24 まいのシールを 4 人で等分します。1 人分のまい数は何まいになりますか。

教科書　149 ページ **1**

① 問題に合うように、右の図の⑦、⑦にあてはまる数を書きましょう。

⑦(　　　　) ⑦(　　　　)

まい数　0　□　⑦□(まい)

人数　0　1　⑦□(人)

② 式を書いて、答えを求めましょう。

式

答え(　　　　　　　　　)

ヒント　**3** ② 100 をもとにして考えると、35÷6 です。

65

知識・技能 ／86点

1 右のわり算で、商が2けたになるとき、□に入る一番小さい2けたの数字はいくつですか。 (6点)

48)□□6

(   )

2 次のわり算の商が252÷36の商と同じになるように、□にあてはまる数を書きましょう。 各5点(10点)

① 126÷□

② □÷9

(   )   (   )

3 よく出る 計算をしましょう。 各5点(40点)

① 60÷20　② 720÷80　③ 150÷20　④ 760÷90

⑤ 77÷11　⑥ 84÷12　⑦ 69÷24　⑧ 95÷17

4 よく出る 筆算でしましょう。 各5点(10点)

① 417÷58

② 652÷31

5 よく出る 筆算でしましょう。　　　　　　　　　　各5点(10点)

① 2385÷45　　　　　　　　　② 8598÷213

6 くふうして計算しましょう。　　　　　　　　　各5点(10点)

① 6000÷200　　　　　　　　② 8500÷250

思考・判断・表現　　　　　　　　　　　　　　　／14点

7 えん筆が75本あります。12人で同じ数ずつ分けると、1人分は何本で、何本あまりますか。

式・答え 各7点(14点)

式

答え（　　　　　　　　　　　　　　　　　）

はってん **大きな数のわり算をしよう**

1 くふうして計算しましょう。

① 625000÷2500　　｝100でわる
　=6250÷25
　=25000÷100　　｝4をかける
　=

② 2345000÷17500
　=
　=
　=
　=

◀①下の位2けたが25や75のときは、4をかけると計算がしやすくなることが多いです。

◀わられる数とわる数に同じ数をかけたり、同じ数でわったりしましょう。

ふりかえり ❶がわからないときは、62ページの❷にもどってかくにんしてみよう。

ふろくの「計算せんもんドリル」14〜19もやってみよう！

おみやげを買おう

📖 教科書 152 ページ   ➡ 答え 22 ページ

1 博物館に行きました。入館料は右のように
なります。

　入館料ができるだけ安くなるように考えてみ
ましょう。

ⓐ	1 人	100 円
ⓘ	15 人	1300 円
ⓤ	30 人	2400 円

① 　17 人で行くと、代金はいくらになりますか。

　　ⓐで買うと、100×17＝1700（円）

　　ⓐとⓘで買うと、100×2＋1300＝1500（円）

安い方の代金

（　　　　　　　）

② 　20 人で行くと、代金はいくらになりますか。

　　ⓐで買うと、100×20＝2000（円）

　　ⓐとⓘで買うと、100×5＋1300＝1800（円）

（　　　　　　　）

③ 　32 人で行くと、代金はいくらになりますか。

　　ⓐで買うと、100×32＝3200（円）

　　ⓐとⓘで買うと、100×2＋1300×2＝2800（円）

　　ⓐとⓤで買うと、100×2＋2400＝2600（円）

（　　　　　　　）

2 　古本屋さんに行きました。料金表は右の
ようになります。

　ひろとさんは 5 さつ、お母さんは 3 さつ、
お姉さんは 20 さつ買います。

　できるだけ安く買えるように考えてみましょう。

1 さつ	150 円
5 さつで	700 円
20 さつで	2400 円

① 　1 さつずつ買うと、

　　150×[① 　　　　　]＝4200（円）

② 　5 さつのセットが 5 つと、ばらで 3 さつ買うと、

　　[② 　　　　　]×5＋[③ 　　　　　]×3＝3500＋450＝3950（円）

③ 　20 さつのセットと 5 さつのセットとばらで買うと、

　　2400＋700＋150×3＝2400＋700＋450＝3550（円）で、

　　②で買うよりも[④ 　　　　　]円安くなります。

3 右のようなメニューがあります。
まさとさんとお母さんは、この店
で昼食を食べることにしました。
　まさとさんは、ドーナツ２つと
ジュース１つ、お母さんは、ラーメ
ン１つとジュース１つを注文します。
　どの組み合わせで注文すると一番
安くなるかを考えてみましょう。

```
ドーナツ…140円
肉まん　…180円
ラーメン…380円
ジュース…180円
（Ａセット）
　ドーナツ＋ジュース…300円
（Ｂセット）
　ラーメン＋ジュース…500円
（Ｃセット）
　ドーナツ＋ラーメン＋ジュース…650円
（Ｄセット）
　肉まん＋ラーメン＋ジュース　…670円
```

① 　１つずつ注文すると、いくらに
なりますか。

（　　　　　　　）

② 　Ａセット１つと、Ｂセット１つと、ドーナツ１つを注文すると、いくらになりま
すか。

（　　　　　　　）

③ 　Ａセット１つと、Ｃセット１つを注文すると、いくらになりますか。

（　　　　　　　）

！ まちがい注意

④ 　まさとさんのお父さんがちょうど店に来たので、２人の注文に、肉まんとラーメ
ンを合わせて注文することにしました。どの組み合わせで注文すると一番安くなる
かを考えて、その代金を求めましょう。

（　　　　　　　）

⑨ 変わり方

① 変わり方ー1

📖 教科書 153〜158 ページ 　✏️ 答え 22 ページ

✏️ 次の □ にあてはまる数を書きましょう。

◎ねらい　2つの量の変わり方を調べ、表や式に表せるようにしよう。　練習 ❶ ❷ ➡

🐾 和がいつも同じになる関係

(1)　まわりの長さが40cmの長方形の、たての長さ（○）と横の長さ（△）の変わり方

たての長さ○(cm)	1	2	3	4	5	6
横の長さ　△(cm)	19	18	17	㋐	㋑	㋒

🐾 差がいつも同じになる関係

(2)　どちらも9月生まれの兄と妹の、毎年4月1日の兄の年れい（○）と妹の年れい（△）の変わり方

兄の年れい○(さい)	9	10	11	12	13	14
妹の年れい△(さい)	5	6	7	㋐	㋑	㋒

🐾 かける数がいつも同じになる関係

(3)　正三角形の1辺の長さを1cm、2cm、3cm、…と変えていったときの、1辺の長さ（○）とまわりの長さ（△）の変わり方

1辺の長さ　○(cm)	1	2	3	4	5	6
まわりの長さ△(cm)	3	6	9	㋐	㋑	㋒

1　上の3つの表について、あいているところにあてはまる数を書きましょう。

とき方　(1)　たての長さと横の長さの和はいつでも ①□ cm になるので、

○＋△＝②□ の式を使って求めます。

(2)　年れいは、2人とも毎年 ①□ さいずつふえます。

また、2人の年れいの差はいつも ②□ さいなので、

○－△＝③□ の式で求めることができます。

2つの量の変わり方を調べるときは、表をつくって、たての変わり方や横の変わり方を調べると、きまりを見つけやすくなるよ。

(3)　正三角形の1辺の長さが1cmふえると、まわりの長さは ①□ cmふえるので、○と△の関係は、

○×②□ ＝△の式に表すことができます。

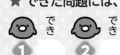
1 下のように、同じ長さのひごを 16 本使って、長方形をつくります。

教科書　154 ページ **1**

① たての本数を 1 本、2 本、…と変えていったときの横の本数を調べて、下のような表をつくりました。表のあいているところにあてはまる数を書きましょう。

たての本数（本）	1	2	3	4	5	
横の本数　（本）	7	㋐	㋑	㋒	㋓	

② たての本数が 1 本ずつふえると、横の本数はどのように変わりますか。

（　　　　　　　　　　　　　　）

③ たての本数を ○ 本、横の本数を △ 本として、○ と △ の関係を式に表しましょう。

（　　　　　　　　　　　　　　）

④ たての本数が 6 本のときの横の本数は何本ですか。

（　　　　　　　　　　　　　　）

2 ある牧場では、1 分間に 4 L の牛にゅうをしぼります。

教科書　158 ページ **3**

① しぼった時間と、しぼった牛にゅうの量を表にしました。表のあいているところにあてはまる数を書きましょう。

時間　　　　（分）	1	2	3	4	5	6
牛にゅうの量（L）	㋐	㋑	㋒	㋓	㋔	㋕

② 時間を ○ 分、牛にゅうの量を △ L として、○ と △ の関係を式に表しましょう。

（　　　　　　　　　　　　　　）

③ 時間が 13 分のときの牛にゅうの量は何 L ですか。

（　　　　　　　　　　　　　　）

④ 100 L の牛にゅうをしぼるためには、何分かかりますか。

（　　　　　　　　　　　　　　）

🔶 ヒント　**2** 時間が 1 分ふえるごとに、牛にゅうの量は 4 L ずつふえます。

⑨ 変わり方

① 変わり方－2

教科書　159ページ　　答え　22ページ

✏ 次の ◯ にあてはまる数を書きましょう。

◎ねらい　2つの量の関係をグラフに表せるようにしよう。　　練習 ① ②→

🐾 グラフ

空の水そうに 1 分間に 3L ずつ水をためます。

水の量の変わり方

時間 （分）	0	1	2	3	4	5	6
水の量(L)	0	3	6	9	12	15	18

水そうの水の量の変わり方をグラフに表すと、右の図のようになります。

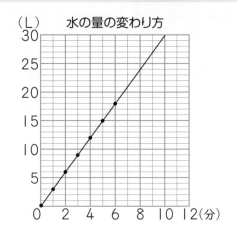

1 上のグラフから、30L の水をためるのに、何分かかりますか。

とき方 1 分たつごとに 3L の水がたまるから、30÷3＝ ◯ （分）

2 水が 30L たまっている水そうから、1 分間に 3L ずつ水をぬきます。ぬいた時間と水そうの中の水の量の変わり方を、次のような表に表しました。

水の量の変わり方

時間　（分）	0	1	2	3	4	5	6	7	8	9	10
水の量　（L）	30	27	24	21	18	15	12	9	6	3	0

この表をグラフに表します。

とき方 0 分のときの水の量が 30L だから、横のじくが 0 で、たてのじくが ◯ のところに点をうちます。

上の表より、右のグラフに点をうって、順に直線でつなぎます。

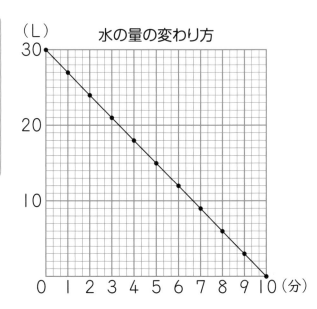

グラフに表すと、変わり方が見やすくなるね。

教科書 159 ページ ▷ 答え 22 ページ

1 長さ 60 cm のはり金で長方形をつくります。

教科書 159 ページ **4**

たてと横の長さの変わり方

たての長さ（cm）	1	2	3	4	5	6
横の長さ （cm）	29	㋐	㋑	㋒	㋓	㋔

① たての長さを 1 cm、2 cm、…とすると、横の長さ
はどう変わりますか。上の表の㋐～㋔にあてはまる数
を書きましょう。

② 表をグラフに表しましょう。

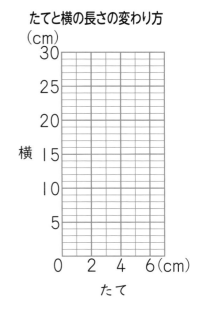

たてと横の長さの変わり方

2 下の2つの表は、2つの水そうに水を入れたときの、水を入れた時間とたまった
水の量の変わり方を表したものです。

教科書 159 ページ **4**

㋐の水そうの水の量の変わり方

時間 （分）	0	3	6	9
水の量（L）	0	6	12	18

㋑の水そうの水の量の変わり方

時間 （分）	0	2	4	6
水の量（L）	0	3	6	9

① ㋐、㋑の水そうの水の量の変わり方を、
グラフに表しましょう。

② 水の量のふえ方が速いのは、㋐、㋑の
どちらの水そうですか。

（ 　　　　　 ）

③ どちらの水そうにも水は 30L 入りま
す。いっぱいになる時間をそれぞれ求め
ましょう。

㋐（ 　　　　 ） ㋑（ 　　　　 ）

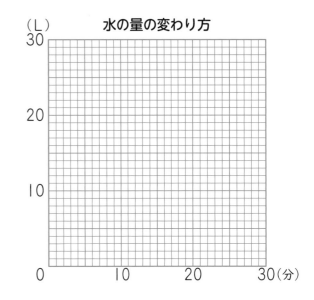

水の量の変わり方

⑨ 変わり方

時間 **30** 分

／100

ごうかく **80** 点

| 教科書 | 153〜161 ページ | 答え | 23 ページ |

知識・技能 ／12点

1 よく出る 下の表は、○が変わると、それにともなって△が変わる様子を表した
ものです。次の問題に答えましょう。 各4点(12点)

○	1	2	3	4	5	6
△	12	24	36	48	60	72

① ○と△の関係を式に表しましょう。

（ ）

② ○が9のとき、△はいくつですか。

（ ）

③ △が180になるのは、○がいくつのときですか。

（ ）

思考・判断・表現 ／88点

2 おはじきを、下のように正三角形の形にならべます。
次の問題に答えましょう。 式・答え 各4点(28点)

1番目　　　　2番目　　　　3番目　　　　4番目

① ○番目の正三角形をつくるのに使うおはじきのこ数を△ことして、○と△の関係
を下の表にまとめましょう。

○番目の正三角形	1	2	3	4	5	6	7
おはじきの数△（こ）	3	6	9	㋐	㋑	㋒	㋓

② ①の表から、○と△の関係を式に表しましょう。

（ ）

③ 12番目の正三角形をつくるのに、おはじきを何こ使いますか。
式

答え（ ）

74

③ よく出る 長さ 18 cm のろうそくがあります。このろうそくは、火をつけると 1 分間に 1 cm ずつ短くなっていきます。

式・答え 各4点（36点）

① 火をつけてから〇分後のろうそくの長さを△ cm として、〇と△の関係を下の表にまとめ、グラフに表しましょう。

時間　　　〇（分）	0	1	2	3	4	5
ろうそくの長さ△（cm）	18	㋐	㋑	㋒	㋓	㋔

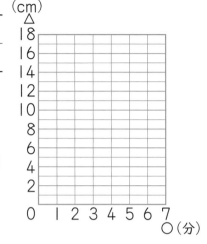

② ①の表から、〇と△の関係を式に表しましょう。

(　　　　　　　　　)

③ 火をつけてから 10 分後のろうそくの長さは、何 cm ですか。

式

答え (　　　　　　　　　)

④ ゆうさんと弟はたん生日が同じで、今年 10 さいと 4 さいになりました。ゆうさんの年れいを〇さい、弟の年れいを△さいとして、次の問題に答えましょう。

式・答え 各4点（12点）

① 〇と△の関係を式に表しましょう。

(　　　　　　　　　)

② 弟が 12 さいになるとき、ゆうさんは何さいになりますか。

式

答え (　　　　　　　　　)

⑤ 30 円のあめを買うとき、買う数を〇こ、代金を△円とします。次の問題に答えましょう。

式・答え 各4点（12点）

① 〇と△の関係を式に表しましょう。

(　　　　　　　　　)

② 代金が 480 円になるとき、買う数は何こですか。

式

答え (　　　　　　　　　)

 ① がわからないときは、70 ページの ① にもどってかくにんしてみよう。

10 倍とかけ算、わり算

① **倍とかけ算、わり算**

教科書 164〜168ページ　答え 23ページ

✏ 次の ☐ にあてはまる数を書きましょう。

🎯 **ねらい** もとにする大きさ、何倍かした大きさ、何倍の関係を理かいしよう。 **練習** ❶❷❸→

🐾 **倍の計算**

⭐ 何倍かを求める計算……何倍かした大きさ÷もとにする大きさ

⭐ 何倍かした大きさを求める計算……もとにする大きさ×何倍

⭐ もとにする大きさを求める計算……何倍かした大きさ÷何倍

1 下の図のような、赤いリボンと白いリボンがあります。次の問題に合うように式を書き、答えを求めましょう。

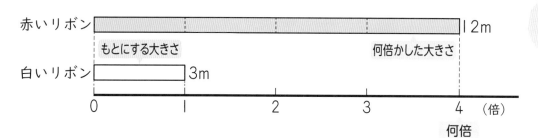

何倍かを表す数を、「割合」というよ。

(1) 赤いリボンが12m、白いリボンが3mあります。赤いリボンの長さは、白いリボンの長さの何倍ですか。

(2) 白いリボンの長さは3mです。赤いリボンの長さは、白いリボンの長さの4倍です。赤いリボンの長さは何mですか。

(3) 赤いリボンの長さは12mです。これは白いリボンの長さの4倍です。白いリボンの長さは何mですか。

とき方

(1) 何倍かを求める問題です。

式　12÷[①☐]=[②☐]　　答え [③☐]倍

(2) 赤いリボンの長さは、何倍かした大きさにあたります。

式　3×[①☐]=[②☐]　　答え [③☐]m

(3) 白いリボンの長さは、もとにする大きさにあたります。

式　12÷[①☐]=[②☐]　　答え [③☐]m

ぴったり 2
練習

★ できた問題には、「た」を書こう！★
でき 1　でき 2　でき 3

教科書　164〜168 ページ　答え　24 ページ

1 赤えん筆が 48 本あります。青えん筆は 8 本あります。赤えん筆は、青えん筆の何倍ありますか。
教科書 164ページ**1**

式

答え （　　　　　）

🔍よくみて

2 妹は折り紙を 8 まい持っています。ひろみさんは妹の 7 倍の折り紙を持っています。ひろみさんが持っている折り紙のまい数は、何まいですか。
教科書 165ページ**2**

① 下の図の ☐ にあてはまる数を書きましょう。

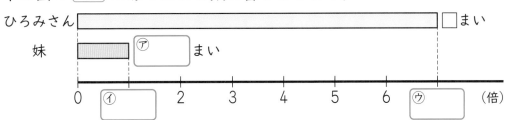

② 上の図の□を求めましょう。

（　　　　　）

③ ☐ にあてはまる数を書きましょう。

もとにする大きさの 8 まいを [エ]（　　）とみたとき、7 にあたる大きさは [オ]（　　）まいです。

3 白いテープの長さは 84 m で、黒いテープの長さの 7 倍だそうです。黒いテープの長さは何 m ですか。
教科書 166ページ**3**

式

答え （　　　　　）

● ヒント　**3** 黒いテープの長さを 1 とみて考えます。

⑩ 倍とかけ算、わり算

時間 30分

／100

ごうかく 80点

教科書 164〜169ページ 答え 24ページ

知識・技能 ／36点

1 青いテープが9cm、黄色いテープが45cm あります。黄色いテープの長さは、青いテープの長さの何倍かを調べます。

各5点(15点)

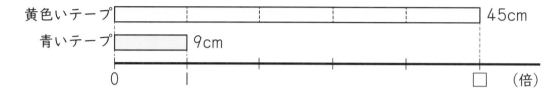

黄色いテープ 45cm
青いテープ 9cm
0 1 （倍）

① もとにする大きさを書きましょう。 （　　　　）

② 何倍かした大きさを書きましょう。 （　　　　）

③ 何倍かを書きましょう。 （　　　　）

2 **1** のテープについて、次の式の □ にあてはまる数を書きましょう。

各7点(21点)

① もとにする大きさを求める式 　□ ÷ □ = □

② 何倍かを求める式 　□ ÷ □ = □

③ 何倍かした大きさを求める式 　□ × □ = □

思考・判断・表現 ／64点

3 かけるさんの年れいは9さいです。おじいさんの年れいは、かけるさんの年れいの8倍です。

おじいさんの年れいは何さいですか。

式・答え 各8点(16点)

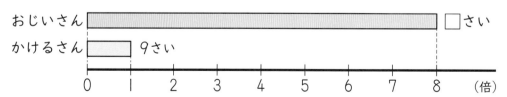

おじいさん □さい
かけるさん 9さい
0 1 2 3 4 5 6 7 8 （倍）

式

答え （　　　　）

4 はるかさんの家では、金魚を 8 ひき、メダカを 24 ひきかっています。
メダカの数は、金魚の数の何倍ですか。　　　　　　　　　　　式・答え 各8点(16点)

式

答え（　　　　　　　　　　）

5 今月、ひまわりの高さをはかったら、128cm ありました。これは、先月はかった高さの 4 倍にあたります。
先月のひまわりの高さは何 cm でしたか。　　　　　　　　　　式・答え 各8点(16点)

式

答え（　　　　　　　　　　）

6 2つのばねがあります。4cm のばね⑧をいっぱいまでのばしたら、16cm になりました。また、3cm のばね⓪をいっぱいまでのばしたら、15cm になりました。
どちらのばねのほうがよくのびるといえるか、割合を使ってくらべましょう。
　　　　　　　　　　　　　　　　　　　　　　　　　　　　式・答え 各8点(16点)

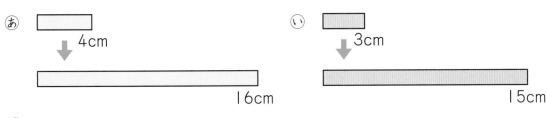

⑧　　4cm
　　　16cm

⓪　　3cm
　　　15cm

式

答え（　　　　　　　　　　）

ふりかえり　❶がわからないときは、76 ページの ❶ にもどってかくにんしてみよう。

ぴったり 1
じゅんび
3分でまとめ

11 小数
① 小数の表し方

学習日
月 日

教科書 173〜176 ページ　答え 24 ページ

✏ 次の ☐ にあてはまる数を書きましょう。

◎ねらい 0.1 より小さい数の表し方を理かいしよう。 練習 ❶ ❷ →

🐾 0.1 より小さい数の表し方

✪ 0.1 の $\frac{1}{10}$ を 0.01 と書き、「れい点れい一」と読みます。

✪ 0.01 の $\frac{1}{10}$ を 0.001 と書き、「れい点れいれい一」
と読みます。

1 の $\frac{1}{10}$ は 0.1
だったよ。

1 水のかさは何 L ですか。

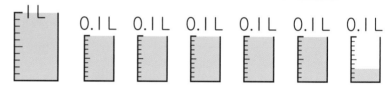

1L　0.1L 0.1L 0.1L 0.1L 0.1L 0.1L

とき方 1L と、0.1L が 5 つ分で ① ☐ L と、0.1L の $\frac{1}{10}$ が 3 つ分です。

0.1L の $\frac{1}{10}$ は ② ☐ L で、その 3 つ分なので、③ ☐ L となります。

合わせたかさは、④ ☐ L です。

◎ねらい 数量を小数を使って表そう。 練習 ❸ ❹ →

🐾 小数を使った数量の表し方

2m78cm は、1m が 2 つ分で 2m、0.1m が 7 つ分で 0.7m、0.01m が 8 つ分で 0.08m だから、合わせて 2.78m です。

2 (1) 4265m は、何 km ですか。　(2) 3269g は、何 kg ですか。

とき方 (1) 1000m=1km だから、100m は ① ☐ km、

10m は ② ☐ km、1m は ③ ☐ km です。

だから、4265m= ④ ☐ km

100m は
1km の $\frac{1}{10}$
だね。

(2) 3000g は 1kg の 3 つ分だから、3000g= ① ☐ kg

200g は 0.1kg の 2 つ分だから、200g= ② ☐ kg

60g は 0.01kg の 6 つ分だから、60g= ③ ☐ kg

9g は 0.001kg の 9 つ分だから、9g= ④ ☐ kg

合わせて
⑤ ☐ kg

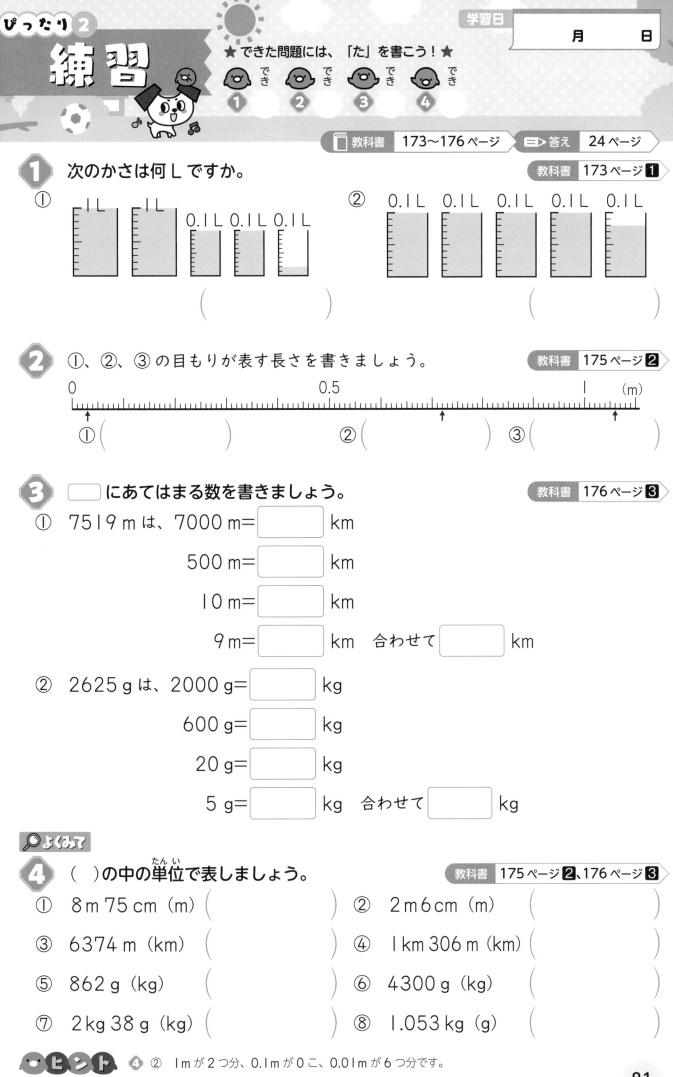

ぴったり2
練習

★できた問題には、「た」を書こう！★
でき ① でき ② でき ③ でき ④

学習日　月　日

教科書 173〜176ページ　答え 24ページ

1 次のかさは何Lですか。
教科書 173ページ ■1

① 1L 1L 0.1L 0.1L 0.1L　　（　　　　）

② 0.1L 0.1L 0.1L 0.1L 0.1L　　（　　　　）

2 ①、②、③の目もりが表す長さを書きましょう。
教科書 175ページ ■2

0　　　　0.5　　　　1　(m)

①（　　　　）　②（　　　　）　③（　　　　）

3 ☐ にあてはまる数を書きましょう。
教科書 176ページ ■3

① 7519mは、7000m=☐km

500m=☐km

10m=☐km

9m=☐km　合わせて☐km

② 2625gは、2000g=☐kg

600g=☐kg

20g=☐kg

5g=☐kg　合わせて☐kg

🔍よくみて

4 （　）の中の単位で表しましょう。
教科書 175ページ ■2、176ページ ■3

① 8m75cm（m）（　　　　）　② 2m6cm（m）（　　　　）

③ 6374m（km）（　　　　）　④ 1km306m（km）（　　　　）

⑤ 862g（kg）（　　　　）　⑥ 4300g（kg）（　　　　）

⑦ 2kg38g（kg）（　　　　）　⑧ 1.053kg（g）（　　　　）

🔵ヒント ④ ② 1mが2つ分、0.1mが0こ、0.01mが6つ分です。

81

ぴったり1
じゅんび

11 小 数
② 小数と整数のしくみ
③ 数の見方

学習日　月　日

教科書 177〜182 ページ　答え 25 ページ

次の□にあてはまる数を書きましょう。

◎ねらい　小数の位の関係を理かいしよう。　練習 ① ④ ⑤ ⑥ →

🐾 小数の位と数のしくみ

4.265 は、1 を 4 こ、0.1 を 2 こ、0.01 を 6 こ、0.001 を 5 こ合わせた数です。

一の位

$\frac{1}{10}$ の位で、小数第一位ともいいます。

$\frac{1}{100}$ の位で、小数第二位ともいいます。

$\frac{1}{1000}$ の位で、小数第三位ともいいます。

1 (1) 1 を 6 こ、0.1 を 3 こ、0.01 を 5 こ、0.001 を 2 こ合わせた数を書きましょう。

(2) 0.01 と 0.001 は、それぞれいくつ集めると 1 になりますか。

とき方 (1) 一の位の数字が ①□、小数第一位の数字が ②□、小数第二位
の数字が ③□、小数第三位の数字が ④□ だから、合わせた数は
⑤□ です。

(2) 0.01 を 10 こ集めると ①□、0.1 を 10 こ集めると 1 だから、0.01 を
②□ こ集めると 1 になります。0.001 は ③□ こ集めると 1 になります。

◎ねらい　小数の大きさの関係を理かいしよう。　練習 ② ③ →

🐾 小数の大きさ

5.27、5.3、5.16 を大きい順にならべます。数直線でたしかめると、

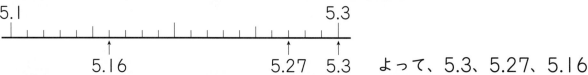

よって、5.3、5.27、5.16

2 右の数を、小さい順にならべましょう。　3.5、3.44、3.55、3.41

とき方 数直線で考えると、

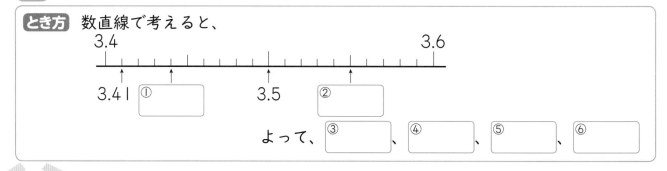

よって、③□、④□、⑤□、⑥□

ぴったり2
練習

★ できた問題には、「た」を書こう！★
でき 1 でき 2 でき 3 でき 4 でき 5 でき 6

教科書 177〜182ページ 答え 25ページ

1 次の数を書きましょう。 教科書 178ページ **2**、179ページ **3**

① 1を6こ、0.1を3こ、0.01を2こ、0.001を1こ合わせた数

（　　　　　　　）

② 1を23こ、0.001を45こ合わせた数 （　　　　　　　）

③ 0.001を2005こ集めた数 （　　　　　　　）

④ 0.001を5300こ集めた数 （　　　　　　　）

2 □にあてはまる不等号を書きましょう。 教科書 180ページ **4**

① 2.02 □ 2.13

② 0.811 □ 0.096

! まちがい注意

3 次の数を、小さい順にならべましょう。 教科書 180ページ **4**

0.03　0.005　1.01　0　1.0012　1

（　　　　　　　　　　　　　　　　　　　）

4 0.36の10倍、100倍の数を書きましょう。 教科書 181ページ **5**

10倍（　　　　　　　）　　　　100倍（　　　　　　　）

5 180の $\frac{1}{10}$、$\frac{1}{100}$ の数を書きましょう。 教科書 181ページ **5**

$\frac{1}{10}$（　　　　　　　）　　　　$\frac{1}{100}$（　　　　　　　）

6 2.94という数について、次の□にあてはまる数を書きましょう。

教科書 182ページ **1**

① 2.94は、1を□ことと0.1を□こ、0.01を□こ合わせた数です。

② 2.94は、3より□小さい数です。

● ヒント　❸ 数直線で考えると、0がいちばん左にあります。だから、0がいちばん小さい数です。

ぴったり **1**
じゅんび

11 小 数

④ **小数の計算**

📖 教科書 183〜187 ページ　✏️ 答え 26 ページ

🖊 次の □ にあてはまる数を書きましょう。

◎ねらい 小数のたし算ができるようにしよう。　練習 **1** **2**→

🐾 **たし算の筆算のしかた**

2.32＋4.53 を計算します。

```
  2.32          2.32          2.32
＋4.53    ➡   ＋4.53    ➡   ＋4.53
              6.85          6.85
```

位をそろえて書く。　整数のたし算と同じように計算する。　上の小数点にそろえて、和の小数点をうつ。

答えに、小数点をつけわすれないようにしよう。

1 次のたし算をしましょう。

(1) 0.63＋0.74　　　　　(2) 4.5＋1.29

とき方 (1) 0.63 は 0.01 が ①□ こ、0.74 は 0.01 が ②□ こだから、

0.63＋0.74 は、0.01 が ③□ ＋ ④□ ＝ ⑤□ （こ）と考えます。

だから、0.63＋0.74＝⑥□

(2) 筆算ですると、
```
   4.5
＋1.29
```

小数点をそろえて書けば、位がそろうよ。

◎ねらい 小数のひき算ができるようにしよう。　練習 **1** **3**→

🐾 **ひき算の筆算のしかた**

4.76−2.52 を計算します。

```
  4.76          4.76          4.76
−2.52    ➡   −2.52    ➡   −2.52
              2.24          2.24
```

位をそろえて書く。　整数のひき算と同じように計算する。　上の小数点にそろえて、差の小数点をうつ。

たし算の筆算と同じようにすればいいよ。

2 8.7−3.41 の計算をしましょう。

とき方 筆算ですると、
```
   8.7
−3.41
```

84

1　□にあてはまる数を書きましょう。

教科書 183 ページ **1**、186 ページ **3**

① 3.87+4.54 の計算は、

3.87 は 0.01 が あ □ こ

4.54 は 0.01 が い □ こ

たすと 0.01 が う □ こ　　答えは、え □

② 9.72−0.68 の計算は、

9.72 は 0.01 が あ □ こ

0.68 は 0.01 が い □ こ

ひくと 0.01 が う □ こ　　答えは、え □

2　筆算でしましょう。

教科書 183 ページ **1**、185 ページ **2**

① 2.16+5.43

② 0.89+1.24

③ 32.4+2.83

④ 7.83+2.67

3　筆算でしましょう。

教科書 186 ページ **3**、187 ページ **5**

① 2.56−1.83

② 3.7−0.25

③ 7−1.86

④ 2.951−1.98

●ヒント　③　③　7 は 7.00 とみて、筆算をします。

⑪ 小　数

教科書 173〜189 ページ　答え 26 ページ

知識・技能　　　　　　　　　　　　　　　　　　　　　　　　　　/88点

① よく出る （　）の中の単位で表しましょう。　　　　　　　各3点(12点)

① 4m 26cm （m）　　　　　　　② 5208m （km）

（　　　　　　　）　　　　　　　　　　　　　　（　　　　　　　）

③ 320g （kg）　　　　　　　　④ 1kg 75g （kg）

（　　　　　　　）　　　　　　　　　　　　　　（　　　　　　　）

② よく出る ◯ にあてはまる数を書きましょう。　　　　　各2点(20点)

① 1を $\frac{1}{1000}$ にした数は □ です。

② 0.01を256こ集めた数は □ です。

③ 1を6ことと0.01を2こと、0.001を4こ合わせた数は □ です。

④ 7.315は、1を □ こ、0.1を □ こ、0.01を □ こ、

0.001を □ こ合わせた数です。

⑤ 0.1を □ こ、0.01を □ こ、0.001を □ こ合わせた数
は0.234です。

③ 次の数を書きましょう。　　　　　　　　　　　　　　　各3点(12点)

① 6.72 を 10 倍した数　　　　　② 0.824 を 100 倍した数

（　　　　　　　）　　　　　　　　　　　　　　（　　　　　　　）

③ 65.42 を $\frac{1}{10}$ にした数　　　　④ 23 を $\frac{1}{100}$ にした数

（　　　　　　　）　　　　　　　　　　　　　　（　　　　　　　）

④ よく出る 53.96 を2通りの表し方で書きましょう。　　　各2点(8点)

① 53.96 は 0.01 を □ こ集めた数です。

② 53.96 は、10 を5こ、1を □ こ、0.1を □ こ、0.01を □
こ合わせた数です。

5 筆算でしましょう。

各3点(18点)

① 3.61+4.24   ② 4.39+3.42   ③ 8.695+0.812

④ 72.35+5.21   ⑤ 4.481+3.519   ⑥ 32.1+2.985

6 筆算でしましょう。

各3点(18点)

① 7.49−2.13   ② 8.25−2.07   ③ 3.635−0.298

④ 24.35−3.74   ⑤ 4−2.357   ⑥ 23.5−0.87

思考・判断・表現　　　　　　　　　　　　　　　　　　　　　　　／12点

7 牛にゅうが 1.73L あります。コーヒー0.284L とまぜたらコーヒー牛にゅうは何L できますか。

式・答え 各3点(6点)

式

答え（　　　　　　　　）

8 走りはばとびの記録(きろく)を調べました。たけるさんは 2.84m、さくらさんは 3.23m でした。2人のちがいは何m ですか。

式・答え 各3点(6点)

式

答え（　　　　　　　　）

ふりかえり　**1**がわからないときは、80 ページの**2**にもどってかくにんしてみよう。

ふろくの「計算せんもんドリル」10〜13 もやってみよう！

87

12 面積

① 広さの表し方

教科書 190～193 ページ 答え 27 ページ

✏️ 次の ⬜ にあてはまる数や記号を書きましょう。

◎ねらい 広さの表し方がわかるようにしよう。

練習 ①→

🐾 面積

広さのことを**面積**といいます。

広さをくらべるときは、同じ広さの正方形が
いくつあるか数えるとわかります。

右の図で、㋐は16こ、㋑は15こだから、㋐のほうが広いです。

1 右の㋐と㋑の図の面積をくらべましょう。

とき方 ㋐の図は同じ広さの正方形が ①⬜ こ、

㋑の図は ②⬜ この広さです。

だから、③⬜ のほうが ④⬜ こ分だけ面積が広いです。

⬜がいくつあるかな。

◎ねらい 面積と面積の単位について知ろう。

練習 ①②③→

🐾 面積の単位 1cm²

1辺が1cmの正方形の面積を、1**平方センチメートル**といい、
1cm² と書きます。

cm² は面積の単位です。

2 1辺が5cmの正方形と、たて6cm、横4cm
の長方形の面積は、それぞれ何cm²ですか。

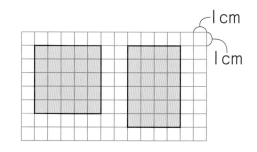

とき方 正方形の面積は、1cm²の正方形が ①⬜ こ分の広さなので、
②⬜ cm²です。

長方形の面積は、1cm²の正方形が ③⬜ こ分の広さなので、④⬜ cm²
です。

ぴったり 2
練習

★ できた問題には、「た」を書こう！ ★

でき 1　でき 2　でき 3

学習日　　月　　日

教科書 190〜193 ページ　答え 27 ページ

1 右の図を見て、□ にあてはまる数やことば、記号を書きましょう。

教科書 191 ページ 1

① ｜辺が｜cm の正方形が、あは □ こ、

　　いは □ こ分です。

② 広さのことを □ といいます。

③ ｜辺が｜cm の正方形の面積を｜ □ と

　　書き、｜ □ と読みます。

④ あの面積は □ cm²、いの面積は □ cm² です。

⑤ □ の面積のほうが □ cm² 広いです。

2 次の色のついた部分の面積は、何 cm² ですか。

教科書 191 ページ 1

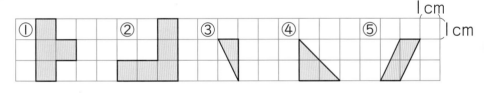

正方形や長方形の半
分とも考えられるね。

① (　　　　)　　　　② (　　　　)

③ (　　　　)　　　　④ (　　　　)　　　　⑤ (　　　　)

3 面積が 4cm² になる形を、いろいろかきましょう。

教科書 191 ページ 1

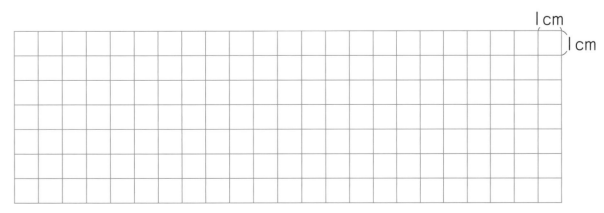

② 長方形と正方形の面積

教科書 194～198 ページ　答え 27 ページ

次の◯◯にあてはまる数やことばを書きましょう。

◎ねらい 長方形や正方形の面積が計算で求められるようにしよう。　練習 ① ② ③ →

🐾 面積を求める公式

　長方形や正方形の面積を計算で求めるには、たてと横の辺の長さをはかり、その数をかけます。

　長方形や正方形の面積を求める公式は、

長方形の面積 ＝ たて × 横 ←横×たてでも同じ。
正方形の面積 ＝ 1辺 × 1辺

どのようなときもあてはまる式のことを、公式というんだね。

1 下の図の㋐の長方形と、㋑の正方形の面積を求めましょう。

(1)
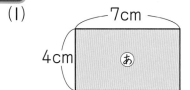
7cm
4cm
㋐

(2)
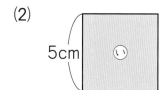
5cm
㋑

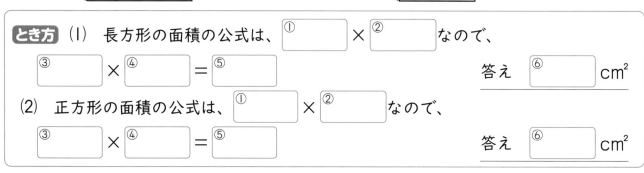

とき方 (1)　長方形の面積の公式は、①◯◯◯×②◯◯◯なので、

③◯◯◯×④◯◯◯＝⑤◯◯◯　　　答え ⑥◯◯◯cm²

(2)　正方形の面積の公式は、①◯◯◯×②◯◯◯なので、

③◯◯◯×④◯◯◯＝⑤◯◯◯　　　答え ⑥◯◯◯cm²

◎ねらい いろいろな形の面積が求められるようにしよう。　練習 ④ →

🐾 面積の求め方のくふう

　長方形や正方形を組み合わせた形の面積を求めるには、次のように、面積の公式が使えるようにくふうします。

⭐小さい長方形や正方形に分けて考える。

⭐大きい長方形や正方形の面積から、かけた部分の面積をひいて考える。

2 右の図の色のついた部分の面積を求めましょう。

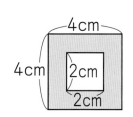
4cm
4cm
2cm
2cm

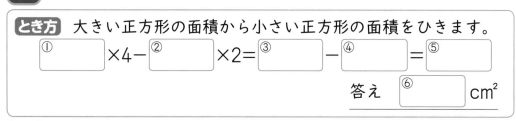

とき方 大きい正方形の面積から小さい正方形の面積をひきます。

①◯◯◯×4－②◯◯◯×2＝③◯◯◯－④◯◯◯＝⑤◯◯◯

答え ⑥◯◯◯cm²

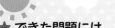

ぴったり2 練習

★ できた問題には、「た」を書こう！ ★
😊 でき ① 😊 でき ② 😊 でき ③ 😊 でき ④

教科書 194〜198 ページ 　答え 27 ページ

1 次の長方形や正方形の面積を求めましょう。　　教科書 194ページ **1**

① 6cm ─9cm─ 　　　　② 80cm ─80cm─

　　　　　　（　　　　　　）　　　　　　　　　（　　　　　　）

2 まわりの長さが 14cm で、たての長さが 2cm の長方形の面積を求めましょう。

教科書 196ページ **2**

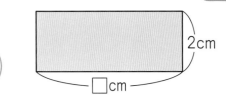

（　　　　　　）

3 次の長さを求めましょう。　　教科書 197ページ **3**

① 面積が 128cm²、たての長さが 16cm の長方形の横の長さ
式

横の長さを□cm と
すると、
16×□＝128 だね。

　　　　　　答え（　　　　　　）

② 面積が 156 cm²、横の長さが 12 cm の長方形のたての長さ
式

　　　　　　答え（　　　　　　）

！ まちがい注意

4 次のような形の面積を求めましょう。　　教科書 197ページ **4**

① 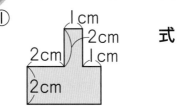 　式

1cm
2cm
2cm 1cm
2cm

　　　　　　　　　　　　答え（　　　　　　）

② 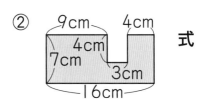 　式

9cm 4cm
4cm
7cm
3cm
16cm

　　　　　　　　　　　　答え（　　　　　　）

ヒント ④ 形を分けたり、おぎなったりして、長方形や正方形をもとにして、面積を求めます。

91

12 面 積

③ いろいろな面積の単位

教科書 199〜203 ページ　答え 28 ページ

✏ 次の □ にあてはまる数を書きましょう。

◎ねらい　辺の長さが m、km で表される面積の単位を知ろう。　練習 ❶❷❸→

🐾 長さが m のときの面積の単位

　1 辺が 1m の正方形の面積を 1 **平方メートル**といい、1m² と書きます。1m＝100cm なので、m² と cm² の関係は、1m²＝10000cm² です。

🐾 長さが km のときの面積の単位

　1 辺が 1km の正方形の面積を 1 **平方キロメートル**といい、1km² と書きます。1km＝1000m なので、km² と m² の関係は、1km²＝1000000m² です。

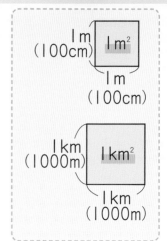

1 たてが 8m、横が 7m の長方形の形をした花だんの面積は何 m² ですか。

とき方 花だんの面積は、① □ × ② □ ＝ ③ □

　　　　　　　　　　　　答え ④ □ m²

2 たて 6km、横 12km の長方形の形をした土地の面積は何 km² ですか。

とき方 土地の面積は、① □ × ② □ ＝ ③ □

　　　　　　　　　　　　答え ④ □ km²

◎ねらい　1a、1ha で表される面積の単位を知ろう。　練習 ❸❹→

🐾 1a、1ha で表される面積

　1 辺の長さが 10m の正方形の面積を 1 **アール**といい、1a と書きます。1a＝100m² です。

　1 辺の長さが 100m の正方形の面積を 1 **ヘクタール**といい、1ha と書きます。1ha＝10000m² です。

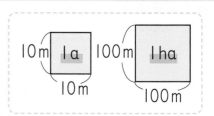

3 800m² は何 a ですか。また、40000m² は何 ha ですか。

とき方 100m²＝① □ a なので、800m²＝② □ a

　　また、10000m²＝③ □ ha なので、40000m²＝④ □ ha

ぴったり2
練習

★ できた問題には、「た」を書こう！★
でき ① でき ② でき ③ でき ④

学習日
月　　日

教科書 199〜203 ページ ➡答え 28 ページ

1 次の長方形や正方形の面積は何 m² ですか。 教科書 199 ページ **1**

① たて 25 m、横 12 m の長方形

式

答え（　　　　　　　　）

② 1 辺が 14 m の正方形

式

答え（　　　　　　　　）

2 次の面積は何 km² ですか。 教科書 201 ページ **4**

① 1 辺が 6 km の正方形の形をした土地の面積

式

答え（　　　　　　　　）

② たて 9 km、横 7 km の長方形の形をした土地の面積

式

答え（　　　　　　　　）

！まちがい注意

3 ☐ にあてはまる数を書きましょう。 教科書 202 ページ **6**

① 8 m²＝☐ cm²　　② 4000 m²＝☐ a

③ 160000 cm²＝☐ m²　　④ 36000000 m²＝☐ ha

4 たて 300 m、横 400 m の畑の面積は何 a ですか。また、何 ha ですか。

教科書 202 ページ **5**、**6**

（　　　　　　　　）（　　　　　　　　）

ヒント ④ 畑の面積は、300×400＝120000（m²）です。これを、a、ha で表します。

ぴったり❸
たしかめのテスト

⑫ 面　積

時間 30分
／100
ごうかく 80点

教科書 190〜205 ページ　　答え 28 ページ

知識・技能　　　　　　　　　　　　　　　　　　　　　　　　／92点

1 次の面積は、どんな単位で表せばよいですか。cm²、m²、km²、a、ha の中から選んで書きましょう。　　　　　　　　　　　　各2点(8点)

① 教科書の面積　466 [　　　]　　② 市の面積　72 [　　　]

③ 家の花だんの面積　12 [　　　]　　④ 小学校の面積　2 [　　　]

2 よく出る 次の面積を求めましょう。　　　　式・答え 各4点(32点)

① たてが 21 cm、横が 18 cm の長方形の面積

式

答え（　　　　　　　）

② 1辺が 12 cm の正方形の面積

式

答え（　　　　　　　）

③ たてが 17 km、横が 25 km の長方形の面積

式

答え（　　　　　　　）

④ 1辺が 15 m の正方形の形をした畑の面積

式

答え（　　　　　　　）

3 よく出る 次の長さを求めましょう。　　　　式・答え 各4点(16点)

① 面積が 288 cm²、たての長さが 18 cm の長方形の横の長さ

式

答え（　　　　　　　）

② 面積が 768 m²、横の長さが 32 m の長方形のたての長さ

式

答え（　　　　　　　）

4 よく出る 下の色をぬった部分の面積を求めましょう。

式・答え 各4点(16点)

①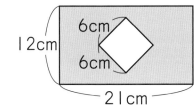

6cm
12cm
6cm
21cm

② 20cm
15cm
50cm
20cm
10cm
70cm

式

式

答え （　　　　　）

答え （　　　　　）

5 □ にあてはまる数を書きましょう。

各5点(20点)

①　3a=□ m²

②　16 km²=□ m²

③　20 ha=□ m²

④　40000000 m²=□ km²

思考・判断・表現　　　　　　　　／8点

できたらスゴイ!

6　たての長さが 16 cm、横の長さが 36 cm の長方形があります。この長方形の面積はそのままで、横の長さを 24 cm に変えると、たての長さは何 cm になりますか。また、どんな形になりますか。

式・答え 各4点(8点)

式

答え （　　　　、　　　　）

はってん 直角三角形の面積を求めよう

1　下の直角三角形の面積を求めましょう。

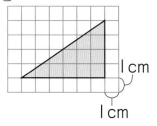

1cm
1cm

求める三角形をもう 1 つ合わせて、大きな長方形として考えて求めてみましょう。

式

答え （　　　　）

◀できた大きな長方形の面積は、たて 4cm、横 6cm です。

◀左の求め方のほかに、三角形の一部分を動かして、長方形の形にする方法もあります。

ふりかえり ②がわからないときは、90 ページの **1** にもどってかくにんしてみよう。

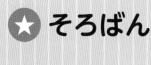

★ そろばん

教科書　206〜208 ページ　　答え　29 ページ

次の◯にあてはまる数を書きましょう。

◎ねらい　そろばんでたし算をしてみよう。　　　練習 ❶ ❷ ❹ →

48+37

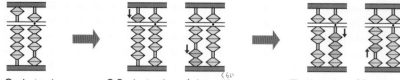

48 をおく。　　　30 をたす。（十の位の　　　7 をたす。（3 をひいて、
　　　　　　　　　5 をたして、2 をひく。）　　10 をたす。）

答え　85

1 74+43　をそろばんで計算しましょう。

とき方
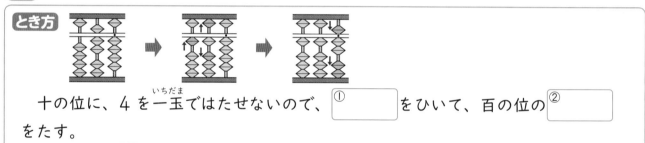

十の位に、4 を一玉ではたせないので、①◻をひいて、百の位の②◻
をたす。

一の位に、③◻をたして、④◻をひく。　　　答え ⑤◻

◎ねらい　そろばんでひき算をしてみよう。　　　練習 ❸ ❹ →

71−38

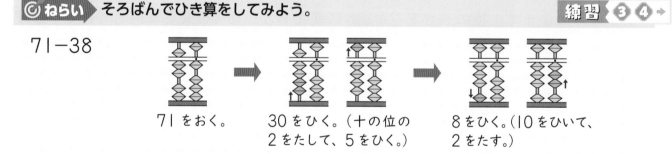

71 をおく。　　　30 をひく。（十の位の　　　8 をひく。（10 をひいて、
　　　　　　　　　2 をたして、5 をひく。）　　2 をたす。）

答え　33

2 178−84　をそろばんで計算しましょう。

とき方
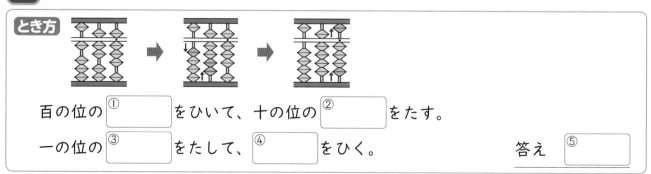

百の位の①◻をひいて、十の位の②◻をたす。

一の位の③◻をたして、④◻をひく。　　　答え ⑤◻

★ できた問題には、「た」を書こう！★

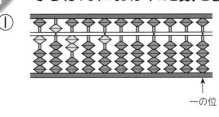
でき ① でき ② でき ③ でき ④

教科書 206〜208 ページ 　答え 29 ページ

1 そろばんにおかれた数を読みましょう。
教科書 207 ページ **1**

① ［そろばん図］
↑一の位

(　　　　　　　)

② ［そろばん図］
↑一の位

(　　　　　　　)

2 次の計算をそろばんでしましょう。
教科書 207 ページ **5**

① 38+37

② 34+28

③ 49+27

④ 24+93

⑤ 73+58

⑥ 37+95

3 次の計算をそろばんでしましょう。
教科書 208 ページ **6**

① 63−35

② 81−47

③ 70−36

④ 176−83

⑤ 125−87

⑥ 100−32

4 次の計算をそろばんでしましょう。
教科書 208 ページ **7**・**8**

① 37億+25億

② 131兆−43兆

③ 0.37+0.49

④ 0.85+0.86

⑤ 0.73−0.34

⑥ 1−0.27

🦕 ヒント ❶ ② 一の位の定位点より右にあるときは、小数になります。

97

⏰

3分でまとめ

⬛ QRコード

13 小数と整数のかけ算・わり算

①　小数×整数

📖 教科書 212〜217 ページ ✏️ 答え 29 ページ

✏️ 次の ▢ にあてはまる数を書きましょう。

◎ **ねらい** 小数に整数をかける計算の考え方を理かいしよう。 | 練習 ① →

🐾 **小数 × 整数の考え方**

小数が0.1のいくつ分なのかを考えます。

次に、かけると 0.1 がいくつ分になる

かを考えて、積を求めます。

> （例）
> 0.3×7では、0.3　……0.1 が 3 こ
> 0.3×7……0.1 が (3×7) こ
> 0.1 が 21 こで、2.1 となります。

1 (1) 0.7×7　(2) 0.9×3　を計算しましょう。

とき方 (1) 0.7 は、0.1 が ▢① こです。0.7×7 は、0.1 が (▢② ×7) こ

で、0.1 が 49 ことなります。0.7×7＝▢③

(2) 0.9 は、0.1 が ▢① こです。0.9×3 は、0.1 が (▢② ×3) こで、0.1

が 27 ことなります。0.9×3＝▢③

◎ **ねらい** 小数に整数をかける筆算ができるようにしよう。 | 練習 ②〜⑤ →

🐾 **小数 × 整数の筆算のしかた**

整数のかけ算と同じように計算した

積に、**かけられる数にそろえて小数点**

をうちます。

（小数点をそのままおろす。）

```
   2.8
 ×  3
 ─────
   8.4
```
小数点はそのまま
おろします。

```
    8.9
 ×  47
 ─────
   623
  356
 ─────
  418.3
```

```
   4.8
 ×   5
 ─────
  24.0̸
```
小数点より右の
0は消します。

2 次のかけ算をしましょう。

(1)
```
   3.8
 ×   4
```

(2)
```
  40.7
 ×   5
```

(3)
```
  32.5
 ×   6
```

とき方 整数のかけ算と同じように計算します。小数点の位置に気をつけましょう。

小数点は、かけられる数にそろえてうちます。このとき、小数点より右の終わり

の数が 0 のときは、0̸ のように消します。

(1)
```
   3.8
 ×   4
 ─────
 ▢
```

(2)
```
  40.7
 ×   5
 ─────
 ▢
```

(3)
```
  32.5
 ×   6
 ─────
 ▢
```

積の小数点を
わすれないで。

教科書　212〜217 ページ　　答え　29 ページ

1　□にあてはまる数を書きましょう。

教科書 213ページ 1

① 0.6×8＝0.1×（□×8）＝□

② 0.9×4＝0.1×（□×4）＝□

③ 0.5×7＝0.1×（□×7）＝□

2　筆算でしましょう。

教科書 215ページ 2

① 6.8×7　　② 5.7×3　　③ 4.6×9

かけられる数と
かける数の右側の
数字をそろえて
書くんだよ。

3　計算をしましょう。

教科書 216ページ 3

①　　2.3
　　×18

②　　11.7
　　×　53

③　　6.2
　　×35

④　　3.5
　　×60

4　計算をしましょう。

教科書 217ページ 4

①　　2.36
　　×　　4

②　　4.19
　　×　37

③　　0.18
　　×　　4

④　　0.15
　　×　　6

5　3.65 L 入りのジュースを 8 つ買いました。ジュースは全部で何 L ですか。

教科書 217ページ 4

式

答え（　　　　　　）

ヒント　3　③④　答えの小数点より右の終わりの数が 0 のときは、\ で消します。

13 小数と整数のかけ算・わり算
② 小数÷整数

📖 教科書 219〜224 ページ ✏️ 答え 30 ページ

✏️ 次の□にあてはまる数やことばを書きましょう。

◎ねらい 小数を整数でわる計算の考え方を理かいしよう。　　練習 ①→

🐾 小数 ÷ 整数の考え方

小数が 0.1 のいくつ分なのかを考えます。

次に、わると 0.1 がいくつ分になるかを考えて、商を求めます。

わり算も、かけ算と同じように、0.1 がいくつ分かで考えよう。

1 9.6m のリボンを 3 人で等分すると、1 人分は何 m になりますか。

とき方 求める式は、次のようになります。

　　①□ ÷ ②□

　　9.6 m は、0.1 m が ③□ こ分の長さだから、

　　9.6÷3 は、0.1 が (④□ ÷3) こ分で、0.1 が 32 こ分となります。

　　9.6÷3= ⑤□　　　　　　　　　　答え ⑥□ m

◎ねらい 小数を整数でわる筆算ができるようにしよう。　　練習 ②③④→

🐾 小数 ÷ 整数の筆算のしかた

整数のわり算と同じように計算し、商の小数点を**わられる数の小数点にそろえて**うちます。

$$\begin{array}{r} 1.6 \\ 4{\overline{\smash{\big)}\,6.4}} \\ \underline{4} \\ 2\,4 \\ \underline{2\,4} \\ 0 \end{array}$$

6÷4で1をたてる。
わられる数にそろえて
小数点をうつ。
6−4=2から、
24÷4で6をたてる。

$$\begin{array}{r} 0.6 \\ 6{\overline{\smash{\big)}\,3.6}} \\ \underline{3\,6} \\ 0 \end{array}$$

わられる数の一の位の
3は、わる数の6より
小さいので、
商の一の位は
0となる。

商の小数点の位置に気をつけよう。

2 72.8÷8 を筆算でしましょう。

とき方 整数のわり算と同じように筆算の形に書きます。

　　十の位の 7 は、8 より小さいので、商は ①□ の位にたちます。

　　②□ 数にそろえて商の小数点をうちます。

　　整数のわり算と同じように計算します。

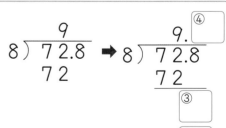

$$\begin{array}{r} 9 \\ 8{\overline{\smash{\big)}\,72.8}} \\ 72 \end{array} \Rightarrow \begin{array}{r} 9.^{④} \\ 8{\overline{\smash{\big)}\,72.8}} \\ 72 \\ {}^{③} \\ {}^{⑤} \\ \hline 0 \end{array}$$

教科書 219〜224 ページ　答え 30 ページ

1 　□にあてはまる数を書きましょう。

教科書 219ページ 1

① $8.1÷9=0.1×(\boxed{}÷9)$

$=\boxed{}$

② $7.2÷8=0.1×(\boxed{}÷8)$

$=\boxed{}$

2 　筆算でしましょう。

教科書 221ページ 2、223ページ 3

① $9.2÷4$　　② $86.8÷7$　　③ $6.4÷8$　　④ $3.5÷5$

3 　計算をしましょう。

教科書 223ページ 4

① $24\overline{)40.8}$

② $13\overline{)59.8}$

③ $56\overline{)274.4}$

④ $37\overline{)25.9}$

4 　計算をしましょう。

教科書 224ページ 5

① $4\overline{)7.36}$

② $9\overline{)33.66}$

③ $7\overline{)5.67}$

④ $24\overline{)4.32}$

わる数が2けたに
なっても、整数と同じよ
うに計算して、小数点は
わられる数にそろえて
うてばいいよ。

ヒント　小数のわり算も整数のときと同じように計算できます。
ただし、商の小数点の位置に気をつけましょう。

13 小数と整数のかけ算・わり算
③ **あまりのあるわり算**
④ **わり進みの計算**

教科書 225〜227 ページ 答え 31 ページ

✏ 次の ◯ にあてはまる数やことばを書きましょう。

🎯 **ねらい** 小数のわり算で、あまりのあるわり算ができるようにしよう。

練習 ① →

🐾 **あまりの求め方**

　小数のわり算で、あまりを求めるとき、**あまりの**
小数点は、わられる数の小数点にそろえてうちます。

わり算の答えは、
わる数×商＋あまり＝
わられる数
でたしかめられるね。

1 9.6÷4 の計算を、商を一の位まで求めて、あまりも
だしましょう。

とき方 筆算で求めてみましょう。

```
    2
4)9.6
  8
 ①
```

左の計算のように、整数のわり算と同じように計算します。
商は一の位まで計算して、② [   ] となります。
あまりの小数点は、③ [   ] 数の小数点にそろえてうつので、
あまりは ④ [   ] となります。

🎯 **ねらい** わりきれるまで計算できるようにしよう。

練習 ② ③ ④ →

🐾 **わり進むわり算のしかた**

　わり算でわりきれないときは、わられる数の最後の位の後に 0 をつけて、下の
位へわり算を続けることができます。

　7.5÷6 をわりきれるまで計算するには、

```
    1.2
6)7.5
  6
  15
  12
   3
```
⇒
```
    1.2
6)7.5⓪
  6
  15
  12
  30
```
⇒
```
    1.25
6)7.5⓪
  6
  15
  12
  30
  30
   0
```

わりきれるとは、
あまりが0になる
ことだったね。

これまで学習した
わり算

7.5 を 7.50 とみて、
わり進みます。

2 2.2÷4 をわりきれるまで計算しましょう。

とき方 計算は右のようになります。
　2.2を ① [   ] と考えて、下の位へわり算を続けます。
　商は ② [   ] となります。

```
    0.55
4)2.2⓪
  20
  20
  20
   0
```

教科書 225〜227 ページ　　答え 31 ページ

1 商を一の位まで求めて、あまりもだしましょう。また、答えのたしかめもしましょう。

教科書 225ページ **1**

① 　2) 9.3

② 　9) 5 6.3

③ 　1 7) 9 3.7

〔答えのたしかめ〕

2 わりきれるまで計算しましょう。

教科書 226ページ **1**

① 　4) 5.4

② 　8) 1 1.4

③ 　2 4) 1.8

3 わりきれるまで計算しましょう。

教科書 227ページ **2**

① 　8) 36

② 　5 0) 4

③ 　8) 1

！ まちがい注意

4 商を四捨五入して、$\frac{1}{10}$ の位までのがい数で求めましょう。

教科書 227ページ **3**

① 　7) 5.9

② 　9) 23

③ 　1 7) 3 5.8

ヒント　 ❸ ② 4 を 4.00 とみてわり進んでいきます。

103

ぴったり1
じゅんび

13 小数と整数のかけ算・わり算

⑤ 小数と倍

学習日 月 日

教科書 228〜229ページ 答え 32ページ

✏ 次の◯にあてはまる数やことばを書きましょう。

◎ねらい 小数で何倍かを表すことを理かいしよう。   練習 ❶ ❷ ❸ →

🐾 小数倍

　ある大きさが、もとにする大きさの何倍にあたるかを表すとき、

0.7倍、1.5倍のように、小数になることがあります。

ある大きさ ÷ もとにする大きさで計算します。

1 次の□にあてはまる数を書きましょう。

(1) 16は、5の□倍です。

(2) 5.6は、8の□倍です。

ある大きさ÷もとにする
大きさ＝何倍かを表す数
で計算するんだよ。

とき方 (1) もとにする数が ①□ だから、16÷5＝ ②□

　答えは ③□ 倍です。

(2) もとにする数が ①□ だから、5.6÷8＝ ②□

　答えは ③□ 倍です。

2 右のように、赤、白、黄のビーズがあります。赤、白のビーズの数は、それぞれ黄のビーズの数の何倍ですか。

ビーズの数
赤…18こ、白…6こ、黄…12こ

とき方 もとにする大きさは、①□ のビーズの数です。

図に表して考えます。

```
0                     黄12        赤18（こ）
数 ├──────────────┼──────────┤
倍 ├──────────────┼──────────┤
0                     1          □ （倍）
```

　赤のビーズの数は18だから、18÷ ②□ ＝ ③□ で、④□ 倍

```
0          白6        黄12      （こ）
数 ├──────┼──────────┤
倍 ├──────┼──────────┤
0          □          1        （倍）
```

　白のビーズの数は6だから、6÷ ⑤□ ＝ ⑥□ で、⑦□ 倍

1 ▢ にあてはまる数を書きましょう。

教科書 228 ページ ①

① 4.8 は、3 の ▢ 倍です。

② 3.2 は、8 の ▢ 倍です。

③ 12 は、20 の ▢ 倍です。

！まちがい注意

2 右の表は、赤、白、青、黄の紙テープの長さを表しています。次の問題に答えましょう。

教科書 228 ページ ①

① 赤の紙テープの長さは、白の紙テープの長さの何倍ですか。

（　　　　　）

紙テープ	長さ（m）
赤	30
白	20
青	40
黄	50

② 白の紙テープの長さは、黄の紙テープの長さの何倍ですか。

（　　　　　）

③ 黄の紙テープの長さは、白の紙テープの長さの何倍ですか。

（　　　　　）

④ 赤の紙テープの長さは、青の紙テープの長さの何倍ですか。

（　　　　　）

3 ひできさんの体重は 32 kg で、お父さんの体重は 67.2 kg です。お父さんの体重はひできさんの体重の何倍ですか。

教科書 228 ページ ①

式

答え （　　　　　）

ヒント ③ もとにする大きさはひできさんの体重 32kg です。

⑬ 小数と整数の
　かけ算・わり算

📖 教科書　212〜231 ページ　⏩ 答え　32 ページ

知識・技能　　　　　　　　　　　　　　　　　　　　　　　　　　／64点

1 よく出る 筆算でしましょう。　　　　　　　　　　　　各4点(24点)
① 4.9×5　　　　　② 19.6×6　　　　　③ 0.4×37

④ 7.5×24　　　　⑤ 25.8×5　　　　　⑥ 34.7×26

2 よく出る 筆算でしましょう。　　　　　　　　　　　　各4点(12点)
① 8.4÷7　　　　　② 34.4÷4　　　　　③ 2.16÷12

3 商を一の位まで求めて、あまりもだしましょう。　　　各4点(8点)
① 15.7÷6　　　　　　　　　② 74.6÷18

4 よく出る わりきれるまで計算しましょう。　　　　　　各4点(8点)
① 25÷4　　　　　　　　　　② 2.34÷36

106

5 商を四捨五入して、①②は $\dfrac{1}{10}$ の位までのがい数で、③は $\dfrac{1}{100}$ の位までのがい数で求めましょう。

各4点(12点)

① 4.7÷8　　　　② 12.5÷6　　　　③ 27.6÷9

思考・判断・表現　　　　　　　　　　　　　　　　　／36点

6 1こ1.6kgのブロックを12こ買いました。ブロックの重さは全部で何kgですか。

式・答え 各4点(8点)

式

答え（　　　　　　　　）

7 まわりの長さが9.2mの正方形があります。この正方形の1辺の長さは何mですか。

式・答え 各4点(8点)

式

答え（　　　　　　　　）

8 鉄のぼう4mの重さをはかったら、17.6kgでした。この鉄のぼう1mの重さは何kgですか。

式・答え 各5点(10点)

式

答え（　　　　　　　　）

できたらスゴイ！

9 かおるさんの体重は32kgで、お兄さんの体重は57kgだそうです。お兄さんの体重はかおるさんの体重の約何倍ですか。商は四捨五入して、$\dfrac{1}{10}$ の位までのがい数で求めましょう。

式・答え 各5点(10点)

式

答え（　　　　　　　　）

ふろくの「計算せんもんドリル」22〜34 もやってみよう！

 **ふりかえり** ❶がわからないときは、98ページの❷にもどってかくにんしてみよう。

14 分 数

① 分数の表し方

教科書 232〜238 ページ　答え 34 ページ

 次の□にあてはまる数やことばを書きましょう。

◎ねらい　いろいろな分数の表し方がわかるようにしよう。　練習 ①〜⑤➡

🐾 $1\frac{1}{6}$ の読み方

1 と $\frac{1}{6}$ を合わせた分数を $1\frac{1}{6}$ と書いて、

いち　ろくぶん　いち
一と六分の一と読みます。

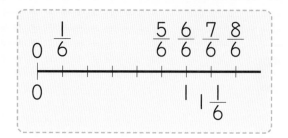

🐾真分数・仮分数・帯分数
　　　か ぶんすう　たい ぶんすう

☆真分数… $\frac{1}{6}$、$\frac{5}{6}$ のように、分子が分母より小さい分数。

☆仮分数… $\frac{6}{6}$、$\frac{8}{6}$ のように、分子と分母が等しいか、分子が分母より大きい分数。

☆帯分数… $1\frac{1}{6}$ のように、整数と真分数の和で表した分数。

・真分数は、1 より小さい分数です。

・仮分数は 1 と等しいか、1 より大きい分数です。

・帯分数は、1 より大きい分数です。

1 2 より $\frac{2}{3}$ 大きい数を仮分数で書きましょう。

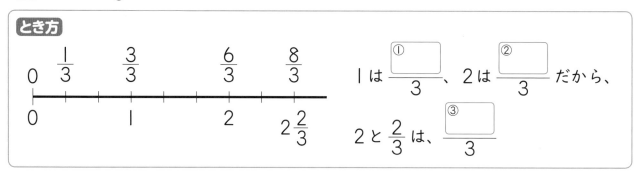

とき方

1 は $\frac{①□}{3}$、2 は $\frac{②□}{3}$ だから、

2 と $\frac{2}{3}$ は、$\frac{③□}{3}$

2 $\frac{7}{6}$、$\frac{1}{4}$、$2\frac{1}{2}$、$\frac{7}{7}$ は、真分数、仮分数、帯分数のどれですか。

とき方 $\frac{7}{6}$…①□ 、$\frac{1}{4}$…②□ 、

$2\frac{1}{2}$…③□ 、$\frac{7}{7}$…④□

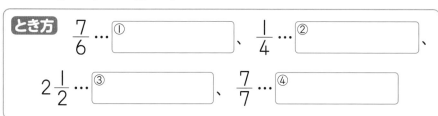

$\frac{7}{7}$ は、分子と分母が等しい分数だね。

ぴったり 2

練習

★ できた問題には、「た」を書こう！★
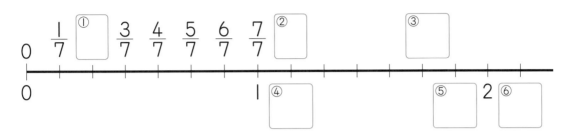
でき ① でき ② でき ③ でき ④ でき ⑤

学習日　　月　　日

📖 教科書 232〜238 ページ　🔳 答え 34 ページ

① 下の数直線の □ にあてはまる分数を書きましょう。

教科書 233ページ **1**

$\frac{1}{7}$ ① $\frac{3}{7}$ $\frac{4}{7}$ $\frac{5}{7}$ $\frac{6}{7}$ $\frac{7}{7}$ ② ③

0 ④ ⑤ 2 ⑥

② 次の分数を、真分数、仮分数、帯分数に分けましょう。

教科書 233ページ **1**

$\frac{8}{5}$　$\frac{2}{3}$　$1\frac{3}{4}$　$\frac{4}{12}$　$2\frac{3}{5}$　$\frac{9}{8}$　$\frac{10}{10}$　$\frac{5}{9}$

真分数 (　　　　　　) 仮分数 (　　　　　　) 帯分数 (　　　　　　)

③ 次の仮分数を、帯分数で表しましょう。

教科書 236ページ **2**

① $\frac{11}{6}$　　② $\frac{7}{3}$　　③ $\frac{13}{4}$

④ 次の帯分数を、仮分数で表しましょう。

教科書 237ページ **3**

① $2\frac{3}{4}$　　② $3\frac{1}{5}$　　③ $4\frac{3}{7}$

⑤ □ にあてはまる等号か不等号を書きましょう。

教科書 238ページ **4**

① $1\frac{1}{5}$ □ $\frac{7}{5}$　　② $3\frac{3}{4}$ □ $\frac{15}{4}$　　③ $\frac{27}{8}$ □ 3

●ヒント　③ ③ $\frac{13}{4}$ の中に、1となる $\frac{4}{4}$ がいくつあるかを考えます。

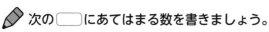

14 分 数

② 分数の計算－1

教科書 239〜240 ページ ▷ 答え 34 ページ

✏ 次の ◯ にあてはまる数を書きましょう。

◎ねらい 分母が同じ分数のたし算ができるようにしよう。

練習 ❶ ❸ ❹ →

🐾 分数のたし算のしかた

分母が同じ分数のたし算は、分母はそのままにして、

分子だけたします。

$\dfrac{8}{7} + \dfrac{3}{7} = \dfrac{11}{7}$ ⇦ $\frac{1}{7}$ の8こ分と $\frac{1}{7}$ の3こ分の和だから、$\frac{1}{7}$ の11こ分と考えます。

答えは仮分数で
表しても、帯分数で
表してもいいよ。

1 次のたし算をしましょう。

$\dfrac{5}{9} + \dfrac{2}{9}$

とき方 $\dfrac{5}{9}$ は $\dfrac{1}{9}$ の ◯① こ分、$\dfrac{2}{9}$ は $\dfrac{1}{9}$ の ◯② こ分です。

合わせると、$\dfrac{1}{9}$ の (5＋2) で ◯③ こ分です。

よって、$\dfrac{5}{9} + \dfrac{2}{9} = $ ◯④

◎ねらい 分母が同じ分数のひき算ができるようにしよう。

練習 ❷ ❸ ❹ →

🐾 分数のひき算のしかた

分母が同じ分数のひき算は、分母はそのままにして、**分子だけひきます。**

$\dfrac{9}{8} - \dfrac{4}{8} = \dfrac{5}{8}$ ⇦ $\frac{1}{8}$ の9こ分から、$\frac{1}{8}$ の4こ分をひいた残りは、$\frac{1}{8}$ の5こ分と考えます。

2 次のひき算をしましょう。

$\dfrac{12}{9} - \dfrac{5}{9}$

とき方 $\dfrac{12}{9}$ は $\dfrac{1}{9}$ の ◯① こ分、$\dfrac{5}{9}$ は $\dfrac{1}{9}$ の ◯② こ分です。

$\dfrac{12}{9} - \dfrac{5}{9}$ は、$\dfrac{1}{9}$ の (12－5) で ◯③ こ分です。

よって、$\dfrac{12}{9} - \dfrac{5}{9} = $ ◯④

分子だけ
ひいてるね。

★ できた問題には、「た」を書こう！★
でき① でき② でき③ でき④

学習日　　月　　日

📖 教科書　239〜240 ページ　✏️ 答え　34 ページ

1 計算をしましょう。
教科書 239 ページ **1**

① $\dfrac{5}{7} + \dfrac{3}{7}$

② $\dfrac{7}{9} + \dfrac{4}{9}$

③ $\dfrac{11}{8} + \dfrac{9}{8}$

④ $\dfrac{4}{3} + \dfrac{4}{3}$

⑤ $\dfrac{3}{4} + \dfrac{5}{4}$

⑥ $\dfrac{3}{10} + \dfrac{15}{10}$

2 計算をしましょう。
教科書 239 ページ **1**

① $\dfrac{4}{3} - \dfrac{2}{3}$

② $\dfrac{11}{6} - \dfrac{4}{6}$

③ $\dfrac{13}{5} - \dfrac{3}{5}$

④ $\dfrac{16}{9} - \dfrac{8}{9}$

⑤ $\dfrac{13}{6} - \dfrac{7}{6}$

⑥ $\dfrac{12}{7} - \dfrac{11}{7}$

3 赤いテープが $\dfrac{13}{8}$ m、青いテープが $\dfrac{6}{8}$ m あります。
教科書 239 ページ **1**

① 2つのテープを合わせると、何 m になりますか。

式

答え（　　　　　　　）

② 赤いテープは青いテープより何 m 長いですか。

式

答え（　　　　　　　）

4 さちこさんのジュースは $\dfrac{9}{5}$ L、ともよさんのジュースは $\dfrac{6}{5}$ L あります。
教科書 239 ページ **1**

① 2人のジュースを合わせると、何 L になりますか。

式

答え（　　　　　　　）

② 2人のジュースのかさのちがいは何 L ですか。

式

答え（　　　　　　　）

🔵ヒント　❹ ②かさの多いほうから、かさの少ないほうをひきます。

ぴったり 1

じゅんび

14 分 数

② 分数の計算－2

学習日

月　　　日

教科書 240〜243 ページ ⟩ 答え 35 ページ

✏️ 次の ⬜ にあてはまる数を書きましょう。

🎯 **ねらい** 帯分数(たいぶんすう)のたし算ができるようにしよう。　　　　　　練習 ① ③ →

🐾 **帯分数のたし算のしかた**

帯分数のたし算は、整数部分の和と分数部分の和を合わせます。

$$1\frac{3}{5}+1\frac{4}{5}=2\frac{7}{5}=3\frac{2}{5}$$

整数部分 / 分数部分

帯分数を仮分数(かぶんすう)になおして計算することもできるよ。

$$1\frac{3}{5}+1\frac{4}{5}=\frac{8}{5}+\frac{9}{5}=\frac{17}{5}$$

1 次のたし算をしましょう。

(1) $2\frac{3}{5}+1\frac{1}{5}$

(2) $1\frac{4}{7}+\frac{5}{7}$

とき方 (1) 整数部分をたして、$2+1=\boxed{①}$、分数部分をたして、$\frac{3}{5}+\frac{1}{5}=\boxed{②}$

よって、$2\frac{3}{5}+1\frac{1}{5}=\boxed{③}$

(2) $1\frac{4}{7}+\frac{5}{7}=1\boxed{}=2\frac{2}{7}$

🎯 **ねらい** 帯分数のひき算ができるようにしよう。　　　　　　練習 ② ③ ④ →

🐾 **帯分数のひき算のしかた**

帯分数のひき算は、整数部分の差(さ)と分数部分の差を合わせます。

帯分数のひき算で、分数部分がひけないときは、**整数部分から1だけを分数になおして計算します。**

$$1\frac{1}{5}-\frac{3}{5}=\frac{6}{5}-\frac{3}{5}=\frac{3}{5}$$

2 $2\frac{1}{3}-\frac{2}{3}$ の計算をしましょう。

とき方 $2\frac{1}{3}$ の整数部分から1だけを分数になおすと、$1\boxed{①}$ となります。

よって、$2\frac{1}{3}-\frac{2}{3}=1\frac{4}{3}-\frac{2}{3}=\boxed{②}$

ぴったり 2
練習

★ できた問題には、「た」を書こう！★

でき 1 でき 2 でき 3 でき 4

学習日
月　　日

教科書 240〜243 ページ 答え 35 ページ

① 計算をしましょう。

教科書 240 ページ ②、242 ページ ③

① $2\frac{1}{5}+3\frac{2}{5}$

② $4\frac{2}{7}+3\frac{4}{7}$

③ $5\frac{4}{9}+1\frac{7}{9}$

④ $2\frac{5}{8}+6\frac{7}{8}$

⑤ $1\frac{3}{5}+4\frac{2}{5}$

⑥ $3\frac{3}{6}+5\frac{3}{6}$

② 計算をしましょう。

教科書 240 ページ ②、243 ページ ④

① $6\frac{3}{4}-2\frac{1}{4}$

② $5\frac{4}{7}-3\frac{4}{7}$

③ $4\frac{5}{6}-4\frac{1}{6}$

④ $3\frac{8}{9}-\frac{5}{9}$

⑤ $5\frac{3}{7}-2\frac{5}{7}$

⑥ $4-2\frac{2}{3}$

③ $1\frac{4}{7}$ kgの荷物と $\frac{6}{7}$ kgの荷物があります。

教科書 242 ページ ③、243 ページ ④

① 合わせて何 kg になりますか。

式

答え （　　　　　　　）

② 重さのちがいは何 kg ですか。

式

答え （　　　　　　　）

④ いちごジュースが $5\frac{1}{5}$ L、オレンジジュースが $4\frac{3}{5}$ L あります。いちごジュースはオレンジジュースより何 L 多いですか。

教科書 243 ページ ④

式

答え （　　　　　　　）

ヒント ③ 「合わせて」はたし算の式、「ちがいは」はひき算の式になります。

教科書 244〜245 ページ　答え 35 ページ

✎ 次の◯にあてはまる数やことばを書きましょう。

🎯 **ねらい** 大きさの等しい分数を見つけられるようにしよう。　練習 ①②→

🐾 **等しい分数**

　分数では、分子や分母がちがっていても、大きさの等しい分数があります。

　右の数直線で、たてに同じ位置にある分数は、同じ大きさの分数です。

$$\frac{1}{3}=\frac{2}{6}=\frac{3}{9} \qquad \frac{1}{2}=\frac{3}{6} \qquad \frac{2}{3}=\frac{4}{6}=\frac{6}{9}$$

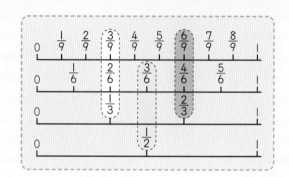

1 $\frac{3}{3}$、$\frac{1}{4}$、$\frac{1}{3}$、$\frac{2}{8}$ の中から、大きさの等しい分数を見つけましょう。

とき方 数直線に表してみましょう。たてにまっすぐにならんでいる分数が等しい分数です。◯① と ◯② が大きさの等しい分数です。

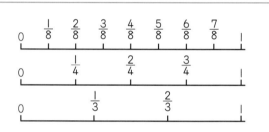

🎯 **ねらい** 分数の大きさがわかるようにしよう。　練習 ③④⑤→

🐾 **分母が同じ分数の大小**

　分母が同じ分数では、分子が大きくなるほど、分数は大きくなります。

　分母が 3 の分数を小さい順にならべると、 $\frac{1}{3}$、$\frac{2}{3}$、$\frac{3}{3}$ ←分子が大きくなると、分数も大きくなる。

🐾 **分子が同じ分数の大小**

　分子が同じ分数では、分母が大きくなるほど、分数は小さくなります。

　分子が 5 の分数を大きい順にならべると、 $\frac{5}{6}$、$\frac{5}{7}$、$\frac{5}{8}$ ←分母が大きくなると、分数が小さくなる。

2 $\frac{3}{4}$、$\frac{3}{7}$、$\frac{3}{5}$、$\frac{3}{9}$ を、大きい順にならべましょう。

とき方 分子がすべて同じなので、◯① が大きくなると、分数は小さくなります。

　大きい順にならべると、 $\frac{3}{4}$、◯②、◯③、$\frac{3}{9}$

★ できた問題には、「た」を書こう！★

 でき ① でき ② でき ③ でき ④ でき ⑤

教科書 244～245 ページ　答え 35 ページ

1 次の図を見て、等しい分数になるように □ にあてはまる数を書きましょう。

教科書 244ページ 1

①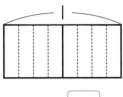

$$\frac{1}{2} = \frac{\square}{8}$$

②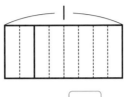

$$\frac{1}{4} = \frac{\square}{8}$$

③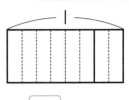

$$\frac{\square}{4} = \frac{6}{8}$$

🔍 よくみて

2 次の分数で、等しい分数を見つけましょう。

教科書 244ページ 1

$$\frac{1}{2}、\frac{1}{3}、\frac{2}{3}、\frac{2}{6}、\frac{3}{6}$$

数直線に表してみる
とわかりやすいよ。

（　　　　）（　　　　）

3 □ にあてはまることばを書きましょう。

教科書 245ページ 2

① 分母が同じ分数では、分子が大きくなるほど、分数は [　　　　] なります。

② 分子が同じ分数では、分母が大きくなるほど、分数は [　　　　] なります。

4 次の分数を、小さい順に書きましょう。

教科書 245ページ 2

$$\frac{5}{5}、\frac{3}{5}、\frac{7}{5}、\frac{1}{5}、\frac{2}{5}、\frac{4}{5}$$

（　　　　　　　　　　　　　）

5 次の分数を、大きい順に書きましょう。

教科書 245ページ 2

$$\frac{7}{3}、\frac{7}{8}、\frac{7}{2}、\frac{7}{11}、\frac{7}{4}、\frac{7}{7}$$

（　　　　　　　　　　　　　）

👁 ヒント　④ 分母が同じなので分子の大きさでくらべます。

⑭ 分 数

時間 **30** 分

/100

ごうかく **80** 点

教科書 232〜247 ページ　答え 36 ページ

知識・技能　　　　　　　　　　　　　　　　　　　　　　　　/92点

1 次の長さに色をぬりましょう。　　　　　　　　　　　　各2点(6点)

① $\frac{2}{3}$ m

② $\frac{4}{5}$ m

③ $1\frac{1}{6}$ m

2 よく出る ( )にあてはまる数を書きましょう。　　　各2点(12点)

① $\frac{8}{3}$ を帯分数で表すと ( ) です。

② $2\frac{1}{7}$ を仮分数で表すと ( ) です。

③ $\frac{1}{6}$ の9こ分は ( ) で、帯分数で表すと ( ) です。

できたらスゴイ!
④ $\frac{1}{10}$ の6こ分は ( ) で、小数で表すと ( ) です。

3 次の分数で、大きいほうに○をつけましょう。　　　各2点(6点)

① [$\frac{9}{8}$ 　 $\frac{7}{8}$]　　　　② [$1\frac{3}{5}$ 　 $\frac{4}{5}$]　　　　③ [$\frac{11}{7}$ 　 $1\frac{2}{7}$]

4 よく出る 仮分数は帯分数で、帯分数は仮分数で表しましょう。　各2点(8点)

① $\frac{12}{5}$　　　　② $\frac{10}{9}$　　　　③ $1\frac{1}{7}$　　　　④ $3\frac{3}{4}$

( )　　　　( )　　　　( )　　　　( )

116

5 よく出る **大きい順に書きましょう。** 各3点(6点)

① $\left(\dfrac{10}{11} \quad \dfrac{8}{11} \quad \dfrac{13}{11} \right)$

② $\left(\dfrac{3}{5} \quad \dfrac{3}{10} \quad \dfrac{3}{9} \right)$

（　　　　　　　　）　　　　　（　　　　　　　　）

6 よく出る **計算をしましょう。** 各3点(18点)

① $\dfrac{8}{9}+\dfrac{7}{9}$

② $\dfrac{5}{4}+\dfrac{7}{4}$

③ $2\dfrac{1}{6}+3\dfrac{2}{6}$

④ $1\dfrac{3}{7}+2\dfrac{6}{7}$

⑤ $3\dfrac{4}{5}+2\dfrac{4}{5}$

⑥ $4\dfrac{1}{4}+\dfrac{3}{4}$

7 よく出る **計算をしましょう。** 各3点(36点)

① $\dfrac{6}{5}-\dfrac{3}{5}$

② $\dfrac{11}{7}-\dfrac{9}{7}$

③ $4\dfrac{5}{6}-2\dfrac{3}{6}$

④ $2\dfrac{7}{8}-1\dfrac{3}{8}$

⑤ $3\dfrac{7}{9}-1\dfrac{7}{9}$

⑥ $5\dfrac{4}{5}-5\dfrac{1}{5}$

⑦ $1\dfrac{6}{7}-\dfrac{4}{7}$

⑧ $4\dfrac{6}{8}-\dfrac{5}{8}$

⑨ $4\dfrac{1}{3}-2\dfrac{2}{3}$

⑩ $5\dfrac{2}{4}-1\dfrac{3}{4}$

⑪ $3\dfrac{1}{9}-\dfrac{8}{9}$

⑫ $2-1\dfrac{1}{6}$

思考・判断・表現　　　　　　　　　　　　　／8点

8 大きいビンに $2\dfrac{1}{3}$ L のジュースが入っています。小さいビンに $\dfrac{2}{3}$ L のジュースが入っています。合わせて何 L ですか。

式・答え 各4点(8点)

式

答え（　　　　　　　）

ふりかえり ①がわからないときは、108 ページの①にもどってかくにんしてみよう。

15 直方体と立方体
① 直方体と立方体
② 展開図

教科書 250〜256 ページ   答え 37 ページ

✏ 次の □ にあてはまる数やことばや記号を書きましょう。

◎ねらい 直方体と立方体について理かいしよう。   練習 ① ② →

直方体…長方形だけでかこまれた形や、長方形と正方形でかこまれた形
　　☆頂点の数 8　辺の数 12　面の数 6

立方体…正方形だけでかこまれた形
　　☆頂点の数 8　辺の数 12　面の数 6

平面　…平らな面

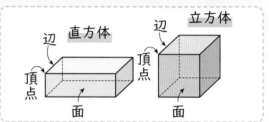

1 右の図を見て、答えましょう。

(1)　⑦、⑦の形を、それぞれ何といいますか。

(2)　⑦、⑦の形には、頂点の数、辺の数、面の数
　は、それぞれいくつずつありますか。

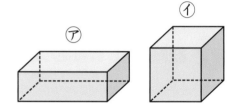

とき方 (1)　⑦の形は、長方形だけでかこまれているので、 □① です。

　　また、⑦の形は、正方形だけでかこまれているので、 □② です。

(2)　⑦、⑦とも、頂点の数は □①、辺の数は □②、面の数は □③ です。

◎ねらい 直方体や立方体の展開図について理かいしよう。   練習 ③ ④ →

展開図…直方体や立方体を、辺にそって切り
　　　開いて、平面の上に広げてかいた図

　　　直方体や立方体の展開図
　　　は 1 つだけではなくて、
　　　いくつかかけるよ。

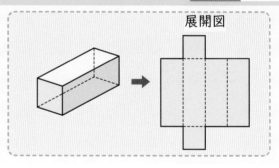

2 右の図は、直方体とその展開図です。
展開図を組み立てたとき、辺 DE、辺 IH
と重なる辺はそれぞれどれですか。

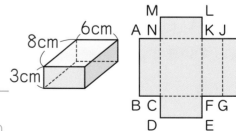

とき方 展開図を組み立てると、頂点 D と H、
頂点 E と G が重なるので、辺 DE は辺 □① と重なります。

　　また、頂点 I と A、頂点 H と B が重なるので、辺 IH は辺 □② と重なります。

教科書 250〜256 ページ 　 答え 37 ページ

1 右の図を見て答えましょう。

教科書 251 ページ **1**、253 ページ **2**

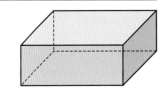

① 何という形ですか。 （　　　　　）

② 長さの等しい辺は、いくつずつ、何組ありますか。

（　　　　　）

③ 形も大きさも同じ面は、いくつずつ、何組ありますか。

（　　　　　）

2 右の図のような立方体について答えましょう。

教科書 253 ページ **2**

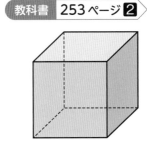

① 1つの頂点に集まっている辺はいくつですか。

（　　　　　）

② 立方体は、まわりが平らな面だけでできています。平らな面のことを何といいますか。

（　　　　　）

3 右の図は、立方体の展開図です。これについて、次の問題に答えましょう。

教科書 256 ページ **2**

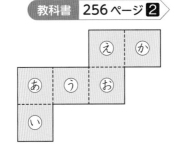

① これを組み立てたとき、面あと向かい合う面はどれですか。

（　　　　　）

② これを組み立てたとき、面いととなり合う面はどれですか。すべて答えましょう。

（　　　　　）

4 下の直方体を ── の辺で切り開いたときの展開図を、下の方眼紙に、面い、面うに続けてかきましょう。

教科書 254 ページ **1**

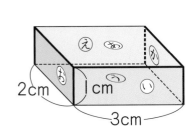

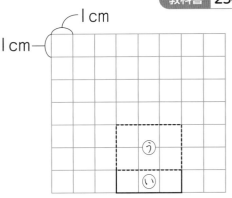

●ヒント **3** 展開図をうすい紙に写し取って、じっさいに組み立てて考えてみましょう。

✏️ 次の ☐ にあてはまる数や記号を書きましょう。

🎯 ねらい 直方体や立方体の、面や辺の平行と垂直がわかるようにしよう。 練習 1→

面と面の関係…平行な面、垂直な面があります。
　〔例〕（平行）面あと面う、（垂直）面あと面い

辺と辺の関係…平行な辺、垂直な辺があります。
　平行でも垂直でもない辺もあります。　〔例〕辺ABと辺CG
　〔例〕（平行）辺ABと辺DC、（垂直）辺ABと辺AE

面と辺の関係…面に平行な辺、面に垂直な辺があります。
　〔例〕（平行）面あと辺AB、（垂直）面いと辺AB

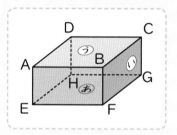

1 右の図のような直方体の面と面、辺と辺の関係を調べましょう。

(1) 面あに平行な面はどれですか。

(2) 面あに垂直な面はいくつありますか。

(3) 辺ABに垂直な辺はどれですか。

(4) 辺ABに平行な辺はいくつありますか。

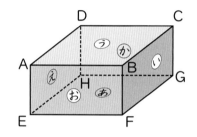

とき方 (1) 直方体の向かい合った面は平行になっているので、面あに平行な面は、面 ☐ です。

(2) 面あに垂直な面は、面い、面か、面え、面 ☐ の4つです。

(3) 辺ABに垂直な辺は、辺AD、辺AE、辺 ☐ 、辺BFです。

(4) 辺ABに平行な辺は、辺 ☐ 、辺EF、辺HGの3つです。

2 右の図のような直方体について答えましょう。

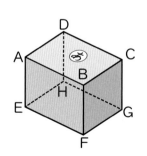

とき方 辺ABに平行な辺は① ☐ つ、垂直な辺は② ☐ つあります。

面あに平行な面は③ ☐ つ、垂直な面は④ ☐ つあります。

また、辺FGに平行な辺は⑤ ☐ つあり、面あに平行な辺は、辺EFと辺FGと辺⑥ ☐ と辺⑦ ☐ です。

教科書 257〜259 ページ 答え 38 ページ

1 右の図の直方体について答えましょう。

教科書 257 ページ **1**、258 ページ **2**、259 ページ **3**

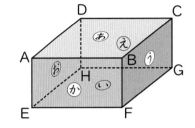

① 面⑰に平行な面はいくつありますか。

(　　　　　)

② 面⑰に平行な面はどれですか。

(　　　　　)

③ 面⑭に平行な面はどれですか。

(　　　　　)

④ 面⑰に垂直な面はいくつありますか。

(　　　　　)

⑤ 面⑰に垂直な面はどれですか。すべて答えましょう。

(　　　　　)

⑥ 面⑭に垂直な面はどれですか。すべて答えましょう。

(　　　　　)

⑦ 辺ＡＢに平行な辺はどれですか。すべて答えましょう。

(　　　　　)

⑧ 辺ＡＥに垂直な辺はどれですか。すべて答えましょう。

(　　　　　)

⑨ 辺ＡＢに垂直な面はどれですか。すべて答えましょう。

(　　　　　)

⑩ 面⑧に垂直な辺はどれですか。すべて答えましょう。

(　　　　　)

⑪ 面⑥に平行な辺はどれですか。すべて答えましょう。

(　　　　　)

ヒント **1** ①〜⑥ 向かい合う面は平行で、となり合う面は垂直です。

121

⑮ 直方体と立方体
④ 見取図
⑤ 位置の表し方

教科書　260〜262ページ　答え　38ページ

✏ 次の ◯ にあてはまる数やことばを書きましょう。

◎ねらい　見取図について理かいしよう。　　　　　　　　練習 ①→

見取図…全体の形がわかるようにかいた図
見取図では、見えない辺はふつう点線でかきます。

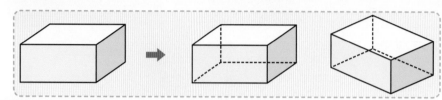

いろいろな方向から見た形がかけるよ。

1 下の直方体の見取図をかきます。
　右の見取図を完成させましょう。

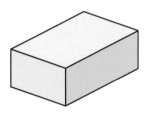

とき方　見取図は、見えない辺を ◯ でかきます。

◎ねらい　位置の表し方について考えよう。　　　　　　練習 ②③→

平面上にある点の位置は、**2つの長さの組**で表すことができます。
　例：（東へ5m、北へ3m）

空間にある点の位置は、**3つの長さの組**で表すことができます。
　例：（横50cm、たて20cm、高さ70cm）

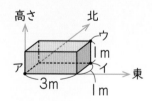

左の図では、アをもとにすると、
イは、（東へ3m、北へ1m、高さ0m）
ウは、（東へ3m、北へ1m、高さ1m）

2 右の図で、⑦、④の位置を表しましょう。

とき方　⑦は、（東へ① ◯ cm、北へ0cm、高さ② ◯ cm）、
④は、（東へ③ ◯ cm、北へ④ ◯ cm、高さ⑤ ◯ cm）
と表せます。

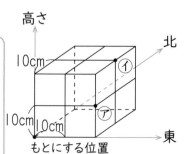

教科書 260〜262 ページ ▷ 答え 38 ページ

① 下の直方体の見取図を完成させましょう。

教科書 260 ページ 1

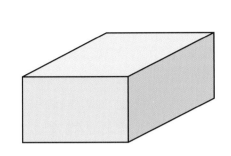

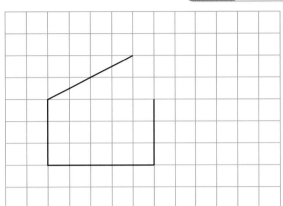

② 下の図について、アをもとにして答えましょう。

教科書 261 ページ 1

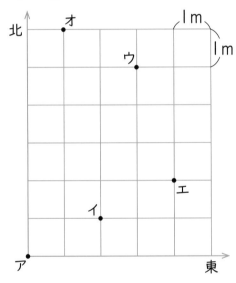

① イの位置を表しましょう。

(　　　　　　　　　　)

② ウの位置を表しましょう。

(　　　　　　　　　　)

③ エの位置を表しましょう。

(　　　　　　　　　　)

④ オの位置を表しましょう。

(　　　　　　　　　　)

！ まちがい注意

③ 下の図について、アをもとにして答えましょう。

教科書 262 ページ 2

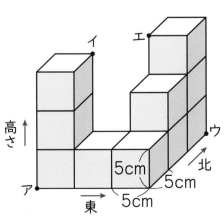

① イの位置を表しましょう。

(　　　　　　　　　　)

② ウの位置を表しましょう。

(　　　　　　　　　　)

③ エの位置を表しましょう。

(　　　　　　　　　　)

😊ヒント ② 平面上なので、2つの長さの組で位置を表します。

ぴったり3
たしかめのテスト

⑮ **直方体と立方体**

時間 **30** 分

／100

ごうかく **80** 点

教科書 250〜264 ページ　答え 38 ページ

知識・技能 ／77点

1 □にあてはまる数を書きましょう。 各4点(28点)

① 直方体の辺の数は ⑦□、面の数は ⑦□ つで、1つの頂点に集まる辺の

数は、⑨□ つです。

② 立方体の辺の数は ⑦□、面の数は ⑦□ つで、1つの頂点に集まる辺の

数は、⑨□ つです。

③ 直方体も立方体も、頂点の数は □ つです。

2 下の図について、アをもとにして答えましょう。 各4点(12点)

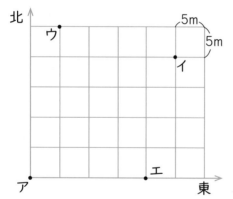

① イの位置を表しましょう。

（　　　　　　　　）

② ウの位置を表しましょう。

（　　　　　　　　）

③ エの位置を表しましょう。

（　　　　　　　　）

3 よく出る 下の直方体の見取図を完成させましょう。 (5点)

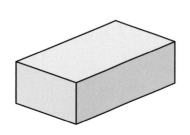

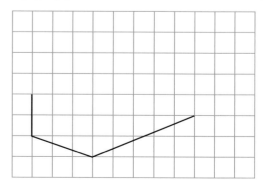

この本の終わりにある「春のチャレンジテスト」をやってみよう！

4 よく出る 右の図の直方体について、次のような辺や面をすべて答えましょう。

各5点(20点)

① 辺ＡＥに平行な辺 （　　　　　　　）

② 面えに垂直な辺 （　　　　　　　）

③ 面かに平行な面 （　　　　　　　）

④ 辺ＣＧに垂直な面 （　　　　　　　）

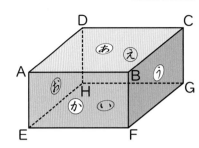

5 よく出る 右の展開図を組み立てたとき、次のようになる面をすべて選びましょう。

各4点(12点)

① 面あに平行な面 （　　　　　　　）

② 辺ＡＢに垂直な面 （　　　　　　　）

③ 面おに垂直な面 （　　　　　　　）

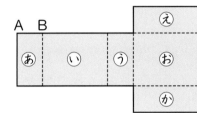

思考・判断・表現 ／23点

6 さいころの向かい合った目の数の和は７になっています。右の展開図の㋐、㋑、㋒にあてはまる目の数を答えましょう。

各5点(15点)

㋐（　　　　）　㋑（　　　　）　㋒（　　　　）

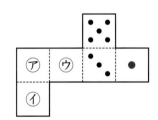

できたらスゴイ！

7 右の図は、３つの面の半分を青くぬった立方体とその展開図です。

各4点(8点)

① 展開図には、色がぬられていない面があります。その面を見つけて、色をぬりましょう。

② アからイに線をひくときに、線の長さが一番短くなるのは、下のあ〜えの中ではどれですか。上の展開図を使って考えましょう。

（　　　　　　　）

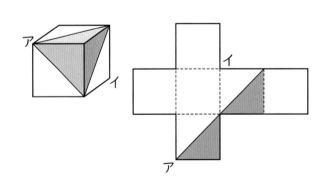

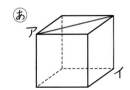
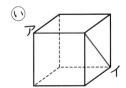
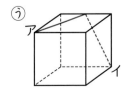
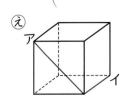

ふりかえり ❶がわからないときは、118ページの❶にもどってかくにんしてみよう。

4年のふくしゅう①

教科書 265〜267 ページ　答え 39 ページ

1 次の数を数字で書きましょう。

各5点(10点)

① 二十八億六千九十万

（　　　　　　）

② 五兆七千四百二十三億

（　　　　　　）

2 次の数を書きましょう。　各3点(12点)

① 0.1 を 48 こ集めた数

（　　　　　　）

② 1 を 12 こと、0.1 を 4 こと、0.001 を 7 こ合わせた数

（　　　　　　）

③ 256 を 100 倍した数

（　　　　　　）

④ 256 を $\frac{1}{100}$ にした数

（　　　　　　）

3 四捨五入して、（　）の中の位やけた数までのがい数にしましょう。

各5点(20点)

① 8245（千）

（　　　　　　）

② 38040（一万）

（　　　　　　）

③ 2576（上から2けた）

（　　　　　　）

④ 16283（上から3けた）

（　　　　　　）

4 次の数で、大きいほうに○をつけましょう。

各5点(10点)

① $\left(\frac{13}{10}, \frac{8}{10} \right)$

② $\left(1\frac{6}{7}, \frac{15}{7} \right)$

5 さやかさんが持っている折り紙は 96 まいで、妹の持っている数の 8 倍だそうです。妹の持っている折り紙は何まいですか。　式・答え 各8点(16点)

式

答え（　　　　　　）

6 長さが 4.2 m のテープがあります。このテープを 7 人で等分すると、1 人分は何 m になりますか。

式・答え 各8点(16点)

式

答え（　　　　　　）

7 56 このボールを箱に 12 こずつ入れます。何箱あれば全部のボールが入りますか。　式・答え 各8点(16点)

式

答え（　　　　　　）

まとめのテスト

4年のふくしゅう②

1 次の問題に答えましょう。
式・答え 各5点(30点)

① たてが 2m、横が 70cm の長方形の面積は何 cm² ですか。

式

　　　　答え（　　　　　）

② 面積が 320cm² で、横の長さが 16cm の長方形のたての長さは何 cm ですか。

式

　　　　答え（　　　　　）

③ 色のついた部分の面積は何 cm² ですか。

式

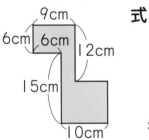

　　　　答え（　　　　　）

2 下の図のような形の箱があります。
各10点(20点)

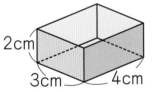

① この箱は、どんな形といえますか。

（　　　　　）

② 展開図をかきましょう。

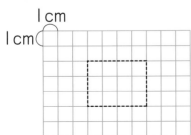

3 次のような図形をかきましょう。
各10点(20点)

① 三角形

② ひし形

4 下の図で、直線⑥と⑤、②と⑥はそれぞれ平行です。ア、イ、ウの角度は、それぞれ何度ですか。
各10点(30点)

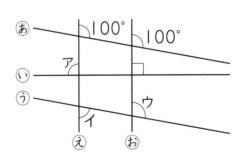

ア（　　　　　）　イ（　　　　　）

ウ（　　　　　）

127

４年のふくしゅう③

1 次の計算をしましょう。 各6点(30点)

① 500−(400−250)

② 20×(32−27)

③ 630÷(58+32)

④ 60+140÷20

⑤ 72×8−52×8

2 次の問題を、１つの式に表してから答えを求めましょう。

式・答え　各8点(32点)

① １本65円のえん筆４本と、１こ120円の消しゴムを２こ買いました。代金はいくらですか。

式

答え（　　　　　　）

② １こ150円のポテトと、１こ60円のジュースを組にして４組買いました。代金はいくらですか。

式

答え（　　　　　　）

3 □にあてはまる数を書きましょう。 各4点(16点)

① 13×25=25×□

② 6.7×3.9−2.7×3.9
　=(6.7−□)×□

③ 4.2×(5.5×1.9)
　=(□×5.5)×1.9

4 くふうして計算しましょう。 各5点(10点)

① 5.7×4×2.5

② 7.3×8.2+2.7×8.2

5 下の折れ線グラフは、プールの水の温度の変わり方を表したものです。 各4点(12点)

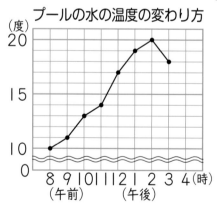

プールの水の温度の変わり方

① 温度がいちばん高いのは、何時で何度ですか。

（　　　　　）で（　　　　　）度

② 温度の上がり方がいちばん大きいのは、何時と何時の間ですか。

（　　　　　　　　　　）

大日本図書版・小学算数４年

7 右の立方体のてん開図を組み立てたときの形について答えましょう。

全部できて 各3点(6点)

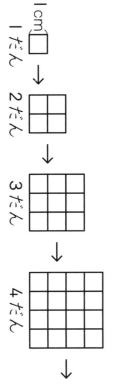

① あの面と平行な面はどれですか。

（　　　）

② おの面に垂直な面はどれですか。

（　　　）

8 次の計算をしましょう。

各2点(6点)

① 40＋15÷3　　② 72÷(2×4)

（　　　）　　　（　　　）

③ 9×(8−4÷2)

（　　　）

9 下の図のように、1辺が1cmの正方形の紙をならべて、順に大きな正方形をつくっていきます。だんの数とまわりの長さの変わり方を調べましょう。

①全部できて 3点 ②2点、③式・答え 各3点(11点)

1cm□ → □ → → □□□□ →

1だん　　2だん　　3だん　　4だん

① 表のあいているところに数を書きましょう。

だんの数（だん）	1	2	3	4	5	6	7
まわりの長さ（cm）	4						

② だんの数を○だん、まわりの長さを△cmとして、○と△の関係を式に書きましょう。

（　　　）

③ だんの数が9だんのとき、まわりの長さは何cmになりますか。

式

答え（　　　）

10 はるとさんは、1日に2300mの道のりを、1年間で2300m走ることにしました。1年間で走る道のりを電たくで計算すると、44160mになりました。
これを見て、はるとさんは、どのように考えてまちがいに気がついたのか、次の□にあてはまる数やことばを書いて答えましょう。

各3点(18点)

① 2300を上から1けたのがい数になおすと、□、192を上から1けたのがい数になおすと、□です。

② □×□＝□ で、□ のでこれを計算すると、

③ 2300を230とおとしまちがえたと考えられます。44160くらべると、44160と230とおとしまちがえたと考えられます。

11 あおいさんの話をよんで、あとの問題に答えましょう。

各3点(6点)

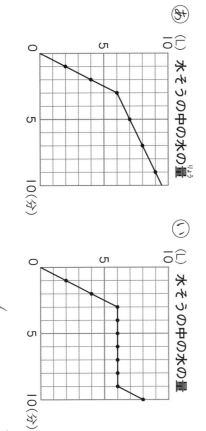

あおい「水そうに水を入れていたとき、とちゅうで5分間水をとめたよ。」

① 下のあ、いのうち、あおいさんの話に合う折れ線グラフを選びましょう。

（　　　）

② ①のグラフを選んだのはなぜですか、説明しましょう。

（　　　　　　　　）

4年 算数のまとめ 学力しんだんテスト

時間 40分　月　日　名前

1 次の数を数字で書きましょう。 各2点(4点)

① 10億を5こ、1000万を2こあわせた数

② 1億を10000倍した数

2 次の計算をしましょう。②は商を一の位まで求めて、あまりもだしましょう。⑥はわり切れるまで計算しましょう。 各2点(20点)

① $39)\overline{117}$

② $17)\overline{436}$

③ $2.58+1.46$

④ $5.31-4.67$

⑤ 3.7×29

⑥ $24)\overline{8.4}$

⑦ $\frac{5}{7}+\frac{4}{7}$

⑧ $1\frac{4}{5}+\frac{2}{5}$

⑨ $\frac{11}{8}-\frac{5}{8}$

⑩ $1\frac{1}{4}-\frac{2}{4}$

3 1組と2組で、いちごとみかんのどちらが好きかを調べたら、下の表のようになりました。①～③にあてはまる数を書きましょう。 各2点(6点)

	いちご	みかん	合計
1組	①	②	14
2組	③	11	19
合計	17	16	33

4 次の問題に答えましょう。 式・答え 各2点(8点)

① たて20m、横30mの長方形の花だんの面積は何m²ですか。

式

答え（　　　）

② 1辺が500mの正方形の土地の面積は何haですか。

式

答え（　　　）

5 次のあ、い、うの角はそれぞれ何度ですか。 各2点(6点)

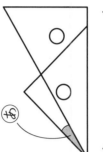

あ（　　　）

い（　　　）

う（　　　）

6 次のせいしつにあてはまる四角形を、あ～えからすべて選んで、記号で答えましょう。 全部できて 各3点(9点)

① 向かい合った2組の辺が平行である。（　　　）

② 向かい合った2組の角の大きさが等しい。（　　　）

③ 2つの対角線の長さが等しい。（　　　）

あ 長方形　い 正方形　う 台形
え 平行四辺形　お ひし形

9 1ふくろ0.6kgの塩が15ふくろあります。全部の重さは何kgですか。
式・答え　各3点(6点)

式

答え（　　　　　　）

10 長方形の土地があります。たての長さが19mで、面積は465.5㎡です。横の長さはたての長さの約何倍ですか。上から2けたのがい数で求めましょう。
式・答え　各3点(6点)

式

答え（　　　　　　）

11 次の問題に答えましょう。
式・答え　各3点(12点)

① ジュースを $\frac{2}{7}$ L飲んだら、また、$1\frac{6}{7}$ L残っていました。ジュースは、はじめに何Lありましたか。

式

答え（　　　　　　）

② ペンキが1Lあります。そのうち $\frac{3}{10}$ L使い、今日 $\frac{6}{10}$ L使いました。残っているペンキの量は何Lですか。

式

答え（　　　　　　）

12 たてが $1\frac{1}{9}$ m、横が $2\frac{4}{9}$ mの長方形の形をした花だんのまわりの長さは何mですか。
式・答え　各3点(6点)

式

答え（　　　　　　）

13 下の展開図を組み立てたときにできる直方体の見取図をかきましょう。
(5点)

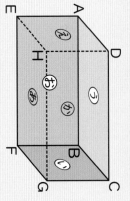

14 下の直方体について、次の問題に答えましょう。
各4点(16点)

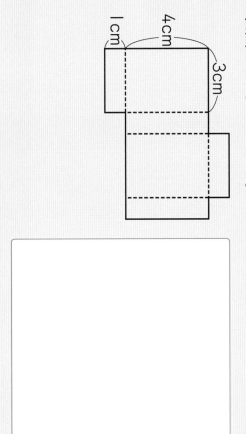

① 面あに垂直になっている面を全部答えましょう。

② 辺DCに垂直になっている辺を全部答えましょう。

③ 辺BFに平行になっている辺を全部答えましょう。

④ 面えに平行になっている辺を全部答えましょう。

春のチャレンジテスト

[教科書] 212〜264ページ

月　日　名前

時間 40分

ごうかく80点　/100

答え44ページ

◎用意するもの…ものさし

知識・技能　/49点

1 □にあてはまる数を書きましょう。　各2点(8点)

① 0.7×4=0.1×(□×4)=□

② 4.5÷5=0.1×(□÷5)=□

2 672÷48=14 を使って、次の商を求めましょう。　各2点(4点)

① 67.2÷4.8

② 672÷4.8

3 次の仮分数は帯分数で、帯分数は仮分数で表しましょう。　各2点(4点)

① $\frac{14}{6}$

② $1\frac{5}{7}$

4 次の展開図で、組み立てると立方体になるのはどれですか。　(5点)

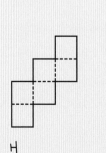

ア　イ　ウ　エ　オ　カ

5 計算をしましょう。　各2点(6点)

① 12.3 × 6

② 4.87 × 19

③ 2.735 × 4

6 わりきれるまで計算しましょう。　各2点(6点)

① 8)44.8

② 15)9.51

③ 4)7

7 計算をしましょう。　各2点(8点)

① $2\frac{1}{7} + \frac{4}{7}$

② $1\frac{5}{9} + 1\frac{6}{9}$

③ $2\frac{5}{8} - 1\frac{2}{8}$

④ $10 - 3\frac{1}{6}$

8 下のような直方体があります。アをもとにして、次の位置を表しましょう。　各4点(8点)

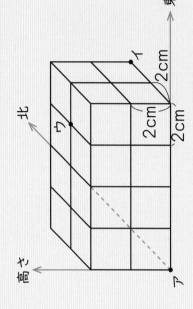

2cm　2cm　2cm　高さ　北　東　ア　イ　ウ

① イの位置

② ウの位置

⑤うらにも問題があります。

7 牧場で牛にゅうが54Lとれました。18本の
びんに同じ量ずつ分けると、1本分は何Lですか。

式

答え（　　　　　）

式4点・答え3点（7点）

/60点

8 ストローが185本あります。15本ずつくろ
に入れると、何ぶくろできて、何本あまりますか。

式

答え（　　　　　）

式4点・答え3点（7点）

9 品物をつめた箱が580こあります。この箱を
1回に76こずつトラックで運びます。全部運び終わ
るには、何回運べばよいですか。

式

答え（　　　　　）

式4点・答え3点（7点）

10 528このりんごを12こずつ箱に入れるのと、
630このみかんを14こずつ箱に入れるのとでは、
箱の数が少なくてすむのはどちらですか。

式

答え（　　　　　）

式4点・答え3点（7点）

11 白いテープが72m、赤いテープが6mあります。
白いテープの長さは、赤いテープの長さの何倍ですか。

式

答え（　　　　　）

式4点・答え3点（7点）

12 けんたさんのお父さんの年れいは、48さいで、
けんたさんの年れいの8倍です。
けんたさんの年れいは何さいですか。

式

答え（　　　　　）

式4点・答え3点（7点）

13 四捨五入して、百の位までのがい数にするとき、
3800になる整数はいちばん小さい数がいくつから、
いちばん大きい数がいくつまでですか。以上、以下を使って表しましょう。また、そ
の整数は全部で何こありますか。

（　　　　）以上（　　　　）以下

（　　　　）

各2点（6点）

14 240cmのリボンを切り分けて、同じ長さのリボ
ンを何本か作ります。

各2点（12点）

① リボンの数を○本、1本の長さを△cmとして、
○と△の関係を下の表にまとめましょう。

リボンの数○（本）	1	2	3	4	5
1本の長さ△(cm)	240	あ	い	う	え

② ○と△の関係を式に表しましょう。

（　　　　）

③ リボンの数が20本のときの1本の長さを求めま
しょう。

（　　　　）

冬のチャレンジテスト

教科書 120～208ページ

ごうかく80点 /100

⏱ 時間 40分

月　日

名前

答え43ページ

各2点(8点)

知識・技能

/40点

1 四捨五入して、（　）の中の位やけた数までのがい数にしましょう。

各2点(6点)

① 33502　（千）

（　　　　　）

② 1496230　（一万）

（　　　　　）

③ 2645700　（上から 2 けた）

（　　　　　）

2 次の色のついた部分の面積を求めましょう。

各3点(6点)

①

（　　　　　）

②

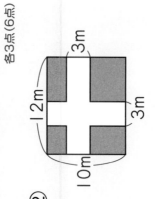

（　　　　　）

3 右の図のような長方形の畑の面積を計算し、a、haで答えましょう。

各2点(4点)

600m

300m

畑

（　　　　　）a

（　　　　　）ha

4 筆算でしましょう。

① 3.65+2.55

② 8.02+4.3

③ 5.6-3.75

④ 12-0.88

5 計算をしましょう。

各2点(12点)

① 43)86

② 36)75

③ 29)899

④ 75)604

⑤ 45)3690

⑥ 97)1164

6 くふうして計算しましょう。

各2点(4点)

① 440÷55

② 6300÷300

8 310°の角をかきましょう。　　　（4点）

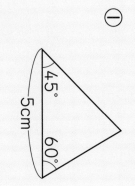

9 次のような三角形と平行四辺形をかきましょう。　　　各4点(8点)

①

45°　60°　60°　5cm

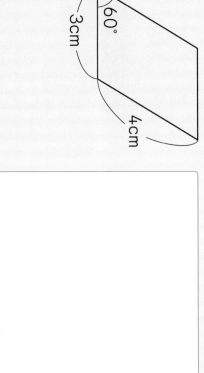

②

60°　3cm　4cm

10 下の表は、けいたさんの体重を毎年たん生日に調べたものです。これを折れ線グラフに表しましょう。　　　（全部できて8点）

けいたさんの体重の変わり方

年れい（さい）	4	5	6	7	8
体重（kg）	17	20	23	25	29

思考・判断・表現　　　／24点

11 2024年はうるう年で、1年が366日あります。これは、何週間と何日にあたりますか。　　　式・答え　各4点(8点)

式

答え

12 1000円で50円のえん筆8本と80円のシール6まいを買いました。おつりはいくらですか。（　）を使って1つの式に表してから、答えを求めましょう。　　　式・答え　各4点(8点)

式

答え

13 りくさんはんで、ねこか鳥をかっている人を調べました。下の表のあ〜えのらんにあてはまる数を書きましょう。　　　各2点(8点)

はんの人	りく	みさき	さとる	ゆうか	さちえ
	まみ	けんじ	なおと		
ねこをかっている人	りく	さとる	みさき	さちえ	
鳥をかっている人	けんじ	さちえ			

かっている動物調べ　（人）

	鳥 かっている	かっていない	合計
ねこ かっている	あ	①い	
かっていない	②2	③う	④4
合計	3	5	④え

☆ 夏のチャレンジテスト

名前　月　日　時間 40分　こうかく80点　／100
答え41ページ

教科書 16〜117ページ
◎用意するもの…ものさし、分度器、コンパス
／76点

知識・技能

1 次の数を数字で書きましょう。　各2点(8点)

① 九十八億五千三百万二千五百

② 三兆四億二万

③ 1億を15こと、100万を26こ合わせた数

④ 1兆を6こ、10億を2こ、1万を34こ合わせた数

2 計算をしましょう。　各2点(8点)

① 28億×10

② 710億×100

③ 6300億÷100

④ 38億+24億

3 下の四角形について、いつでもあてはまるものを全部、記号で答えましょう。　各2点(8点)

⑦ 台形　① 平行四辺形　⑦ ひし形　④ 長方形　⑦ 正方形

① 4つの辺の長さがみんな等しい四角形

② 2本の対角線の長さが等しい四角形

③ 対角線が垂直に交わる四角形

④ 向かい合った辺が2組とも平行な四角形

4 次の筆算のまちがいを見つけて、正しく計算しましょう。　各2点(4点)

①
```
    12
 8)960
    8
   16
   16
    0
```

②
```
    36
 3)918
    9
   18
   18
    0
```

5 計算をしましょう。　各2点(8点)

① 180÷9
② 720÷9
③ 995÷5
④ 889÷7

6 計算をしましょう。　各2点(8点)

① 6)750
② 9)384
③ 5)455
④ 9)830

7 計算をしましょう。　各2点(12点)

① 42+12×4
② 62-4×13
③ 5×20+81÷9
④ 30×4-15×8
⑤ (27+33)÷6
⑥ (96-78)×(3+2)

夏のチャレンジテスト（表）　⬅うらにも問題があります。

この「答えとてびき」はとりはずしてお使いください。

教科書ぴったりトレーニング
答えとてびき
大日本図書版　算数4年

問題がとけたら…

①まずは答え合わせを
しましょう。
②次にてびきを読んで
かくにんしましょう。

おうちのかたへ では、次のようなものを示しています。

・学習のねらいやポイント
・他の学年や他の単元の学習内容とのつながり
・まちがいやすいことやつまずきやすいところ
お子様への説明や、学習内容の把握などにご活用ください。

しあげの5分レッスン では、
学習の最後に取り組む内容を示しています。
学習をふりかえることで学力の定着を図ります。

答え合わせの時間短縮に　丸つけラクラク解答　デジタルもご活用ください！

右の QR コードをスマートフォンなどで読み取ると、
赤字解答の入った本文紙面を見ながら簡単に答え合わせができます。

丸つけラクラク解答デジタルは以下の URL からも確認できます。
https://www.shinko-keirinwebshop.com/shinko/2024pt/rakurakudegi/MDN4da/index.html

※丸つけラクラク解答デジタルは無料でご利用いただけますが、通信料金はお客様のご負担となります。
※QR コードは株式会社デンソーウェーブの登録商標です。

1　折れ線グラフと表

ぴったり1　じゅんび　2ページ

1 (1)①時こく　②気温　(2)①1　②9　(3)①14　②10　③4　(4)①4　②6　(5)①6　②8

ぴったり2　練習　3ページ

てびき

1 ①1月、5℃
②8月、27℃
③14℃
④5℃
⑤1月と2月の間

2 ①金沢
②7月と8月
③6月、9月、11月

しあげの5分レッスン たてのじく、横のじくの目もりを、まっすぐ読もう。

1 ①②たてのじくは、下が低い気温、上が高い気温を表しています。東京の一番低い点の月、金沢の一番高い点の月をみつけます。
⑤折れ線にかたむきのないところは、気温が変わっていません。

2 ①一番低い月と一番高い月のちがいの大きいほうが、気温の変わり方も大きくなっています。
③点が重なっている月は、気温が同じです。

おうちのかたへ グラフは、数量の変化や割合を目で見てとらえやすくしたものです。折れ線グラフは時間の経過に伴う数量の変化の様子を分かりやすく表しています。

1 ①時こく　②温度　③温度　④直線
2 (1)①へり　②ふえて　(2)①1　②8

ぴったり２ **練習** 　**5**ページ

てびき

1 ①2cm
　②

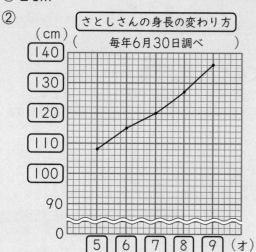

　　（cm）　さとしさんの身長の変わり方
　　　　　　　毎年6月30日調べ
　140
　130
　120
　110
　100
　　90
　　0　　5　6　7　8　9（才）

2 ①8、28
　②2、7
　③売り上げはふえるといえる。

⏱しあげの5分レッスン 組み合わせたグラフは、左
と右のたてのじくの目もりをたしかめよう。

🏠おうちのかたへ 2つのグラフを組み合わせたグ
ラフでは、グラフが表す数量の目もりを正しく読むと
同時に、全体の変化のようすに一定のきまりがあるか
どうか気づかせるようにしてください。

1 たてのじくには身長を、横のじくには年れいを書
きます。たてのじくでは、〰〰を使ってとちゅう
を省いています。
身長が一番高いのは9才で136cmなので、た
ての目もりは140cmまであればよいと考えま
す。1目もりは2cmになることにも気がつきま
しょう。

2 ①②ぼうグラフの一番長い月、一番短い月を、そ
れぞれ読み取ります。気温は、その月の折れ線
の点から、左のたてのじくの目もりを読みます。
③気温を表す折れ線グラフの山の形と、売り上
げを表すぼうグラフの山の形が重なるように
なっていることから、気温が上がると売り上げ
もふえていることがわかります。

ぴったり１ **じゅんび** 　**6**ページ

1 ①正　②2　③下　④4　⑤下　⑥下　⑦2　⑧12
2 ①水　②足　③2

ぴったり２ **練習** 　**7**ページ

てびき

1 ①⑦下　①2　⑦6　④下　⑦2　⑦6
　　⑦6　⑦5　⑦24
　②黒色のタクシー
2 ①24人　②4人　③35人

⏱しあげの5分レッスン 2つのことがらで整理した
表は、どちらのことがらの合計も同じ数にならないと
いけないよ。

1 数を数えるときは正の字を書いて数えます。⑦の
らんは、たての合計と横の合計を計算して、同じ
数にならなければいけません。
2 ①一輪車に乗れて、竹馬ができる人、できない
　人の両方を合わせた数です。
②竹馬ができて、一輪車に乗れない人の数です。
③表の全部の人数をたします。

ぴったり３ **たしかめのテスト** 　**8〜9**ページ

てびき

1 ⑤…△　①…◯　⑤…◯　⑥…△

1 折れ線グラフは変わっていく様子を見るのに便利
です。ぼうグラフは、大きさをくらべるときに使
います。

2 ① たてのじく…日　横のじく…月

② ③ （日）各月の晴れた日の日数の変わり方

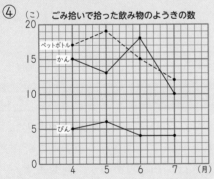

25

20

15

10

0　　1　2　3　4　5　6　7　8（月）

④ 5月と7月

3 ① ⑧ さか上がりはできるけれど、足かけ上が
りはできない人

⑩ さか上がりはできないけれど、足かけ上
がりはできる人

⑩ さか上がりも足かけ上がりもできない人

② ⑧ 9　⑩ 8　⑩ 1　⑧ 26　⑩ 9

⑩ 25　⑩ 10

2 ② 一番多い日数が 24 日、一番少ない日数が 9 日
なので、どちらも表せるように目もりを考えま
す。

3 ① ○ができる人、×ができない人です。⑧は、さ
か上がりが○で、足かけ上がりが×です。

② まず、結果を次のように整理しましょう。

さか上がり	足かけ上がり	人数(人)
○	○	17
○	×	9
×	○	8
×	×	1

🕐 **しあげの5分レッスン** まちがえた問題をもう一度
やってみて、どこでつまずいたのかをたしかめよう。

活用 読み取る力をのばそう

グラフから読み取ろう 10〜11ページ
てびき

1 ① 19こ　② 56こ　③ 26こ

④ （こ）ごみ拾いで拾った飲み物のようきの数

20

ペットボトル

15

かん

10

5

びん

0

4　　5　　6　　7　（月）

⑤ ⑧ 18　⑩ 19　⑩ 37　⑧ 38　⑩ 37

⑩ 26　⑩ 19　⑩ 56　⑩ 63　⑩ 138

2 ① ×　② ○　③ ○　④ ×　⑤ ×

3 ① （例）拾った数は6月は37こ、7月は26
こなので6月の半分くらいとはいえない。

② （例）合計が同じような数でも、それぞれの
飲み物のようきの数が変わっていることも考
えられるので正しいとはいえない。

1 ① ② 折れ線グラフの、あてはまるところの目もり
を読み取りましょう。

③ 表の7月のらんの、びん、かん、ペットボトル
の合計を求めます。

④ 表のびんのらんの数を、たて・横の目もりに気
をつけて折れ線グラフに表します。

⑤ ⑩⑧⑩⑩の合計と、⑩⑩⑩の合計は等しくなり
ます。

2 ① 折れ線グラフを見ると、6月はかんの数が一番
多いことがわかります。

② 5月と6月の間で、線のかたむきが一番急なの
はかんなので、かんの数の変わり方が一番大き
いです。

④ びんは6月も7月も4こで変わりません。

3 ① グラフからじっさいの数を読み取ってくらべて
みます。

2 わり算の筆算

じったり1 じゅんび 12ページ

1 ①3 ②6 ③12 ④6 ⑤12
2 ①2 ②8 ③17 ④4 ⑤16 ⑥1

じったり2 練習 13ページ てびき

1 ①15 ②12 ③19 ④18
⑤17あまり2
⑥14あまり5
⑦12あまり4
⑧14あまり1

> ⏱ しあげの5分レッスン 計算をしたら、答えのたしかめをしよう。

2 ①21あまり2
②20あまり2
③8あまり2
④7あまり3

3 式 98÷4＝24あまり2
　　答え 1人分は24まいで、2まいあまる。

てびき

```
1  ①    15      ②    12      ③    19      ④    18
     3)45         6)72         3)57         5)90
       3            6            3            5
      15           12           27           40
      15           12           27           40
       0            0            0            0

   ⑤    17      ⑥    14      ⑦    12      ⑧    14
     3)53         6)89         5)64         4)57
       3            6            5            4
      23           29           14           17
      21           24           10           16
       2            5            4            1

2  ①    21      ②    20      ③     8      ④     7
     4)86         3)62         7)58         9)66
       8            6           56           63
       6            2            2            3
       4
       2
```

3 （全部のまい数）÷（人数）の式にあてはめて求めます。

じったり1 じゅんび 14ページ

1 ①1 ②7 ③3 ④0 ⑤5 ⑥35 ⑦3
2 ①7 ②49 ③31 ④4 ⑤28 ⑥3

じったり2 練習 15ページ てびき

1 ①246あまり2
②173あまり2
③140あまり4
④205あまり2

> 🏠 おうちのかたへ われる数が3けたの筆算も、2けたの筆算と同じように計算できることを確認させてください。

2 式 638÷3＝212あまり2
　　答え 1ふくろは212こになって、2こあまる。

てびき

1 わる数が1けたなので、われる数の上から1けた目の数とくらべて、われる数のほうが大きいか等しいときは、商は百の位からたちます。

```
①   246      ②   173      ③   140      ④   205
  3)740         5)867         7)984         3)617
    6             5             7             6
   14            36            28            17
   12            35            28            15
    20            17             4             2
    18            15
     2             2
```

2 （全体のクリップの数）÷（ふくろの数）で求めます。

③ ①47あまり3
②85あまり4
③71
④60あまり7

④ 式　550÷7＝78あまり4
　　　　答え　78人に配れて、4まいあまる。

> **しあげの5分レッスン** わられる数のけた数がふえても、「たてる、かける、ひく、おろす」をくり返しかたは同じだね。

③

```
①   47     ②   85     ③   71     ④   60
7)332      6)514      9)639      8)487
  28         48         63         48
  52         34          9          7
  49         30          9
   3          4          0
```

④ 7まいずつ何人に配れるかをきいています。あまり4まいでは1人に配れません。

ぴったり3 たしかめのテスト　16〜17ページ　てびき

① ①13　②16　③12あまり4
④10あまり5

② ①329　②232あまり2
③260あまり2
④109あまり4

③ ①47あまり5
②32
③51

> **しあげの5分レッスン** わり算は、まずわられる数とわる数を見て、商がどの位からたつのかを考えよう。

④ ①商の十の位の0がぬけています。
　　11→101となおします。
②商の5は十の位にたちます。
　　501→51となおします。
③商の1は百の位にたちます。十の位は0です。
　　15→105となおします。

⑤ 式　92÷6＝15あまり2
　　　　答え　15本とれて、2mあまる。

⑥ 式　712÷8＝89　　　　答え　89円

⑦ 式　76÷6＝12あまり4　12+1＝13
　　　　　　　　　　答え　13回

① 商は十の位にたちます。

```
①   13     ②   16     ③   12     ④   10
4)52       5)80       6)76       9)95
  4          5          6          9
 12         30         16          5
 12         30         12
  0          0          4
```

④5÷9ができないので、商に0をたてます。

② 商のたつ位に気をつけましょう。

```
①   329    ②   232    ③   260    ④   109
2)658      4)930      3)782      5)549
  6          8          6          5
  5         13         18         49
  4         12         18         45
 18         10          2          4
 18          8
  0          2
```

③

```
①   47     ②   32     ③   51
7)334      9)288      8)408
  28         27         40
  54         18          8
  49         18          8
   5          0          0
```

④ 正しい筆算は次のようになります。

```
①   101    ②   51     ③   105
6)606      7)359      4)420
  6         35          4
  6          9         20
  6          7         20
  0          2          0
```

⑤ (テープ全体の長さ)÷(1本の長さ)で求めます。

⑥ (代金)÷(本数)＝(1本のねだん)

⑦ あまりの4本も1回運ばなければならないことに注意しましょう。

プログラミングにちょうせん！

アルゴリズムを整理しよう　18〜19ページ

❶
```
おろす
  ↓
一の位に  たてる
  ↓
     かける
  ↓
     ひく
  ↓⑦
差がわる数
より小さい
  ⑧↓はい
```

❷ (1)①→③→⑦→⑧
　(2)①→②→④→⑤→⑦→⑧

❸ (1)Ⓑ、Ⓒ、Ⓐ
　(2)ⒼとⒽの間に加えて、「いいえ」の先はⒻに
　つなぐ。

❶ まず、十の位の数字よりわる数が小さいかどうか
で、商が十の位にたつかどうかを見ます。「はい」
か「いいえ」の矢印をたどり、
　　たてる→かける→ひく→おろす
をくり返します。

❷ (1)十の位の数字よりわる数が小さくないので、
　　「いいえ」の③に進み、一の位に商をたてます。
　(2)十の位の数字よりわる数が小さいので、「はい」
　　の②に進み、十の位に商をたてます。

❸ (1)「たてる→かける→ひく→おろす」の手順で、
　「かける」の結果が大きすぎたとき、もう一度、十
　の位に商をたてなおす図になります。

3 角　度

ぴったり1 じゅんび　20ページ

1 ①分度器　②90　③1度

2 ①A　②0°　③AC　④50°

ぴったり2 練習　21ページ

❶ ①90　②2、2、180　③4、4、360

❷ ①45°　②35°　③235°

❸ ⓐ15°　ⓘ105°

おうちのかたへ 三角定規のそれぞれの角度を、
きちんと覚えさせてください。

❹ ⓐ130°　ⓘ50°　ⓤ130°
　向かい合う角の大きさは同じ大きさになる。

しあげの5分レッスン 分度器で角度をはかるとき、
角度の数字は辺を重ねた0°のところから数えるよ。
反対から数えないように注意しよう。

❶ 半回転した角は、直線になります。一直線の角度
は180°であることをおぼえておきましょう。

❷ 角の向きがちがっていても、分度器には両方から
はかれる目もりがあります。頂点を分度器の中心
に、辺を0°の線に合わせてはかります。

❸ 三角じょうぎの角度は、

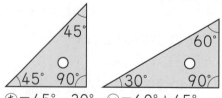

ⓐ＝45°−30°　ⓘ＝60°＋45°

❹ 一直線の角度は180°だから、
ⓐ＝180°−50°　ⓘ＝180°−ⓐ
ⓤ＝180°−50°
　2つの直線が交わってできる角では、向かい合っ
た角の大きさは等しくなります。ⓐ＝180°−50°
から、ⓐ＝ⓤ、ⓘ＝50°がわかります。

1 ①A ②ＡＢ ③50° ④C ⑤A ⑥C
2 ①6 ②60° ③30°

てびき

① ①

②
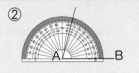
③

② ①
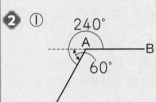
②
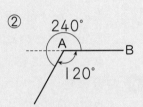

③ ①
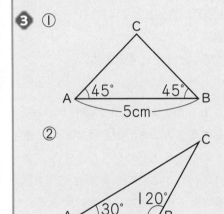

②
A ╱30° 120° B
6cm
C

① 分度器の中心を点Aに合わせます。

辺ＡＢに分度器の0°の線を合わせて、それぞれ分度器の30°、75°、140°のところに点をうって、その点と点Aを結びます。

② ①240°の角は分度器にはないので、半回転した角度180°を利用してかきます。

240°−180°=60°だから、半回転した角度からさらに60°の角をかきます。

②360°−240°=120°だから、1回転した角度から反対の向きに120°の角をかきます。

③〔かき順〕

①5cmの辺ＡＢをかきます。次に、分度器の中心を点Aに合わせて45°の角をかきます。次に、分度器の中心を点Bに合わせて45°の角をかきます。点A、点Bからかいた2つの角の直線が交わった点がCになります。

②6cmの辺ＡＢをかいて、①と同じようにします。

しあげの5分レッスン 分度器には右からも左からも0°から180°の数字が書かれているね。角をかくときは、使いやすいほうを使うといいよ。

てびき

① ①65° ②140° ③340°

② あ60° ①120° ⑤60°

③ ①
╱ 130°

②
230°
50° 130°

④ ①120° ②45° ③135°

① ③ ◿ は20°なので、
360°−20°=340°となります。

② あ=180°−120°=60°
①=180°−あ=180°−60°=120°
⑤=180°−120°=60°
また、2つの直線が交わってできる角では、向かい合った角の大きさは等しいことを利用すれば、
120°=① あ=⑤

③ ②230°は、180°より何度大きいかを考えます。
230°−180°=50°となります。
半回転の角より50°大きい角をかきます。

④ ①90°+30°=120° ②90°−45°=45°
③180°−45°=135°

⑤ ①

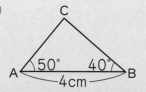

②

⑥ ①120°
②210°
③30°

はってん -

① (1)◐
(2)B C
(3)B C、C A

しあげの5分レッスン 角度も、今までに学習した長さやかさ、重さのように、「度」や「直角」という単位のいくつ分かで考えるんだね。

⑤〔かき順〕

①はじめに4cmの辺ABをかきます。
　次に、分度器の中心を点Aに合わせて50°の角をかきます。
　次に、分度器の中心を点Bに合わせて40°の角をかきます。
　点A、点Bからかいた2つの角の直線が交わった点がCになります。

②はじめに4cmの辺ABをかきます。
　次に、分度器の中心を点Bに合わせて120°の角をかきます。
　次に、かいた120°の角の直線で、点Bから5cmの長さのところに点Cをとります。
　点Aと点Cを結ぶと三角形ができます。

⑥ 時計の短いはりは、6時間で180°回るから、1時間では180°÷6=30°回ります。
①30°×4=120°　②30°×7=210°
③30°×1=30°
12時から1時間もどったと考えます。

① 3つの辺の長さと3つの角の大きさがわかれば、同じ形で、同じ大きさの三角形がかけますが、全部の辺の長さや角の大きさがわからなくても、次のものがわかればかくことができます。
(1)1つの辺の長さと、その両はしの角の大きさ
(2)2つの辺の長さと、その間の角の大きさ
(3)3つの辺の長さ

④ 1億より大きい数

ぴったり1 じゅんび 26ページ

① ①四十五　②二千六百十七　③九千三百八
② ①百万　②一億　③一兆　④三十八　⑤六千七百十二　⑥五千九百

ぴったり2 練習 27ページ

てびき

① ①七億四千六百十三万九千五百二十八
② 二十六億五千二十一万七千三百一

② ①一万の位　②一億の位
③10倍した数…6025940000
　六十億二千五百九十四万

③ ①358192647　②60812507307
③509430000

① 大きな数を読むときは、右から4けたごとに区切って、数字と数字の間にしるしをつけておくとわかりやすく読めます。

② 4けたごとに区切って、読みましょう。
10倍すると、位がそれぞれ1つずつ上がります。

③ 読みのない位には0を書きます。0を書かないと位が上がったり、下がったりするからです。数字で表したら、読んでたしかめておきましょう。

④ ①四兆二千五百九十億六千三百七十二万
  ②九十八兆三千二百六十五億四千七百万

⑤ ①5218693574000000
  ②27086400000000

しあげの5分レッスン 大きな数を書いたら、右から4けたずつに区切って、読んでたしかめるようにしよう。

④ 右から4けたごとに区切って読みます。4けたごとに一、十、百、千をくり返し、くり返すごとに万→億→兆と位が上がります。数字が0のけたは読みません。

⑤ 兆→億→万の順に左から書いていきます。読みのない位には0を書きます。
  ② 1兆が27こで27兆、1億が864こで864億となります。億の下の位は読まなかったので、0を8つつけておくことに気をつけましょう。

ぴったり1 じゅんび　28ページ

1 ①1 ②2740 ③2 ④2 ⑤7400 ⑥1 ⑦3060

2 ①0 ②1 ③0 ④100000000 ⑤100000000
  ⑥1099999999 ⑦100000000 ⑧899999999

ぴったり2 練習　29ページ　てびき

1 ①⑦650億 ⑦百億 ⑦十億
  ②⑦19兆 ⑦十兆 ⑦一兆

2 ①280億 ②9兆6500億 ③3700億
  ④6兆4000億 ⑤28億 ⑥1兆3800億

3 ①9876543210
  ②1023456798
  ③和…10900000008
    差…8853086412

おうちのかたへ 10倍すると0を1つ、100倍すると0を2つつけます。1/10にするときは、最後の数字が0ならば、0を1つとります。

しあげの5分レッスン 0から9までの10この数字だけで、どんな大きさの整数でも表すことができるね。

1 ①650億の数字6は何の位か、②19兆の数字1は何の位かをきいています。

2 ×10は10倍すること、×100は100倍することと同じです。
  ÷10は1/10にすることと同じです。

3 ①10けたの数になります。一番左の十億の位に一番大きい9を書いて、その右を8、7、…と1ずつ小さくします。
  ②十億の位が0になることはないので、一番小さい数は1023456789です。2番目に小さい数は、この数の一と十の位の数を入れかえた数になります。
  ③和はたし算の答え、差はひき算の答えです。けた数が多いので注意しましょう。

ぴったり1 じゅんび　30ページ

1 ①31528 ②19705 ③228578

2 ①62400 ②2466 ③2192 ④243860

ぴったり2 練習　31ページ　てびき

1 ①110408 ②223532
  ③367056 ④307794

2 ①113316 ②129648
  ③318780 ④673320

3 ①334900 ②1864800
  ③45771000

1 大きな数のかけ算の筆算も、一の位から順に計算します。

2 十の位でかけた筆算は1けた、百の位でかけた筆算は2けた左にずらします。

3 筆算の積では、0がいくつあるかに注意します。

❹ 2820000 こ

❹ | 箱に | 20 こ入るので、23500 箱では
| 20×23500（こ）になります。

しあげの5分レッスン 0を省いてくふうして計算
したあとに、答えに0をつけるのをわすれないように
しよう。

ぴったり3 たしかめのテスト 32〜33 ページ　　　　　てびき

❶ ①五兆三千二十四億四百八十二万
　②二百兆四十億八千万千二百六十

❷ ①2537186000　②569037000000000
　③4726000000
　④1070043030000000

しあげの5分レッスン 大きな数は、右から4けた
ごとに区切って読むことをしっかりと理かいしよう。

❸ ①230 億　②7兆　③4兆6000億

❹ ①655620　②358608　③79872

❺ ①8188　②811200　③592000

おうちのかたへ 大きな数のかけ算は、位をそろ
えて書いているかを確認させてください。

❻ 9876543210

❼ 式　268×365＝97820
　　　　　　　　　　　　答え　97820こ

❽ 式　3876×12＝46512
　　　　　　　　　　　　答え　46512m

はってん

1 ①⑦1000　⑦16
　②三百七十八京四千三百二十兆（メートル）

❶ 右から4けたごとに区切って、数字が0のところ
は読みません。

❷ 左から順に数字を書いていき、読みのない位には
0を書きます。
③は 47 億 2600 万、④は 107 兆 43 億 300
万を数字で表しましょう。

❸ ①×10 は 10 倍することと同じだから0を1つ
つけます。このとき位が1ずつ上がっているこ
とに注意しましょう。
×100 は 100 倍することと同じだから、0を
2つつけます。このとき位が2ずつ上がります。

❹ 一の位、十の位、百の位の順に計算します。

❺ ①かけられる数とかける数を入れかえて計算し
ます。
②39×208 の積に0を2つつけます。
③0はないものとして計算して、積に0を3つ
つけます。

❻ 10 けたの数の一番左は十億の位です。
100 億に一番近い数は、10 この数字を使って
できる一番大きい数になります。

❼ （|日あたりのこ数）×（日数）で求めます。

❽ （|時間で 3876 m）×（12 時間）で求めます。

1 京は、兆の上の位です。

活用 読み取る力をのばそう

大きな数をつくろう 34〜35 ページ　　　　　てびき

❶ ①2、|、98765431
　②2、0、98765430
　③十、2、一、3
　④98765423
　⑤5番目…98765421
　　6番目…98765420

❶ ①上のほうの位の数字は大きいままに、下のほ
うの位が小さくなるように変えます。
③一番大きい数の一の位の数字だけを変える場
合は、|、0の2通りにしか変えられません。
4番目に大きい数をつくるには、十の位の数
を変えられる中で一番大きな数に変えます。
ここでは、3を2に変えます。

② ①102345678
　②102345679
　③102345687
③ ①8866442200
　②8866442020
　③2002446688
　④2002446868
④ ①2987654310
　②3012456789
　③2987654310

② ①とはぎゃくに、上の位の数を小さく、下の位の数を大きくと考えて数をつくります。ただし、0が使えるのは、上から2番目の位からです。
③ 5つの数字が2つずつで、10けたの数をつくりますが、考え方はこれまでと同じです。
　①上の位ほど大きく、下の位ほど小さくというように、10けたの数をつくります。
④ ①一番上の位を2とし、あとは大きい数から順に続けます。2は一度しか使えません。
　②一番上の位を3とし、あとは小さい数から順に続けます。
　③3000000000との差の小さい数が、求める数です。

5 式と計算

1 ①64 ②8 ③8
2 ①90 ②5 ③8 ④720 ⑤720

てびき

① ①35 ②40 ③710 ④50
② 式 1000−(480+150)=1000−630
　　　　　　　　　　　　=370
　　　　　　　　　答え 370円
③ ①450 ②1000 ③8 ④4 ⑤40
　⑥160
④ 式 270÷(5+4)=270÷9
　　　　　　　　　=30
　　　　　　　答え 30セット

┌─────────────────────────────┐
│ ⏱しあげの5分レッスン 「ひとまとまりとみるところ │
│ に( )をつけて先に計算をする」というところがポ │
│ イントになるよ。 │
└─────────────────────────────┘

① ( )の中を先に計算します。
　①75−40=35
　②18+22=40
　③1000−290=710
　④82−32=50
② 本とノートの代金を求める式 480+150を( )の中に書くと、1つの式で表すことができます。
③ ( )の中を先に計算します。
　①10×45=450　②50×20=1000
　③72÷9=8　④28÷7=4
　⑤240÷6=40　⑥40×4=160
④ 1つのセットで何cmになるかを考えます。

1 ①54 ②6 ③60
2 ①6 ②3 ③300 ④120 ⑤420 ⑥420
3 ①117 ②270 ③30 ④270

てびき

① ①310 ②340 ③110 ④340
　⑤305 ⑥74

① ×、÷を+、−より先に計算します。
　①250+60=310
　②580−240=340
　③50+60=110
　④400−60=340

11

❷ 式　$30 \times 8 + 25 \times 10 = 240 + 250$

　　　　　　　　　　$= 490$

答え　490 円

❸ ①1100　②76　③1480　④2500

🏠 **おうちのかたへ** 計算のきまりを使えば、簡単に計算できることもある便利さを実感させてください。

⏰ **しあげの5分レッスン** 計算の順じょは、（　）の中 → ×や÷ → +やー　だね。しっかりおぼえよう。

---

⑤$35 + 54 \times 5 = 35 + 270 = 305$

⑥$140 - (70 - 4) = 140 - 66 = 74$

❷ ことばの式にあてはめて考えます。

（ガムの代金）+（あめの代金）=（全部の代金）

❸ 計算のきまりを使います。

①$11 \times 25 \times 4 = 11 \times (25 \times 4)$

　　　　　　　　$= 11 \times 100 = 1100$

②$17.9 + 56 + 2.1 = (17.9 + 2.1) + 56$

　　　　　　　　$= 20 + 56 = 76$

③$37 \times 18 + 37 \times 22 = 37 \times (18 + 22)$

　　　　　　　　　　$= 37 \times 40 = 1480$

④$152 \times 25 - 52 \times 25 = (152 - 52) \times 25$

　　　　　　　　　　$= 100 \times 25 = 2500$

ぴったり3 たしかめのテスト 　40〜41 ページ　　てびき

❶ ①⑦　②⑦

❷ ①100　②840　③40　④45　⑤17　⑥25

❸ ①49　②460

❹ ①$65 \times 9 = (\boxed{60} + 5) \times 9$

　　　　　$= \boxed{60} \times 9 + 5 \times \boxed{9}$

　　　　　$= \boxed{540} + 45$

　　　　　$= \boxed{585}$

②$98 \times 7 = (\boxed{100} - 2) \times 7$

　　　　　$= \boxed{100} \times 7 - 2 \times \boxed{7}$

　　　　　$= \boxed{700} - 14 = \boxed{686}$

❺ ①$432 \div 8 + 14 \times 9 = 180$

②$(28 + 12) \div (45 - 25) = 2$

---

❶ ×や÷は、+、ーより先に計算します。

①$25 + 5 \times 3 = 25 + 15 = 40$

②$48 - 8 \div 4 = 48 - 2 = 46$

❷ （　）の中を先に計算します。×、÷は、+、ーより先に計算します。

①$84 + 16 = 100$

②$70 \times 12 = 840$

③$320 \div 8 = 40$

④$40 + 5 = 45$

⑤$65 - 48 = 17$

⑥$23 - 36 \div 6 + 8 = 23 - 6 + 8 = 25$

❸ 計算のきまりを使います。

①$19 + 23.8 + 6.2 = 19 + (23.8 + 6.2)$

　　　　　　　$= 19 + 30 = 49$

②$14 \times 23 + 6 \times 23 = (14 + 6) \times 23$

　　　　　　　$= 20 \times 23 = 460$

❹ ①65を60+5と考えます。

②98を100−2と考えます。

　計算のくふうをすることによって、計算しやすい式になおします。

❺ ① $\underset{432 \div 8}{54} + \underset{14 \times 9}{126} = 180$

② $\underset{28 + 12}{40} \div \underset{45 - 25}{20} = 2$

たし算やひき算をわり算より先に計算するには、（　）を使います。

⑥ ①式　1000−(520＋280)＝1000−800
＝200
答え　200円
②式　(500−185)÷9＝315÷9
＝35
答え　35まい

⑦ 式　24＋130÷5＝24＋26＝50
答え　50まい

しあげの5分レッスン　まちがえた問題はどこでつまずいたのか、あらためてたしかめるといいよ。

⑥ ことばの式にあてはめて考えます。
① (はらった金がく)−(全部の代金)＝(おつり)
② 青い色紙のまい数は、(全部の数)−(赤い色紙の数)です。これを分ける人数でわります。

⑦ 青い色紙の１人分が何まいになるかはわり算の式で求めます。

⑥ 垂直、平行と四角形

ぴったり1 じゅんび　42ページ

1 ①垂直　②③④㋑、㋔、㋕
2 直角(右の図)

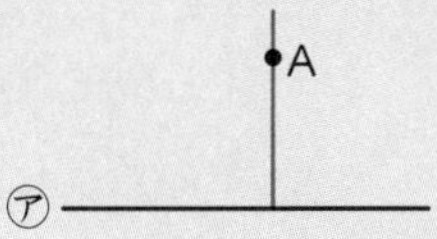

ぴったり2 練習　43ページ

てびき

① 垂直

② (直線)㋓、(直線)㋖

③ (例)

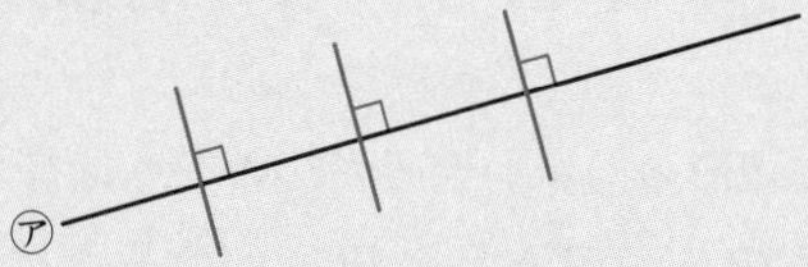

④ ①

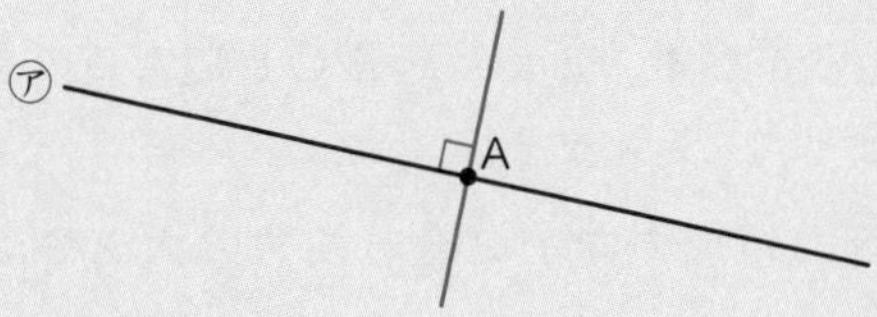

②

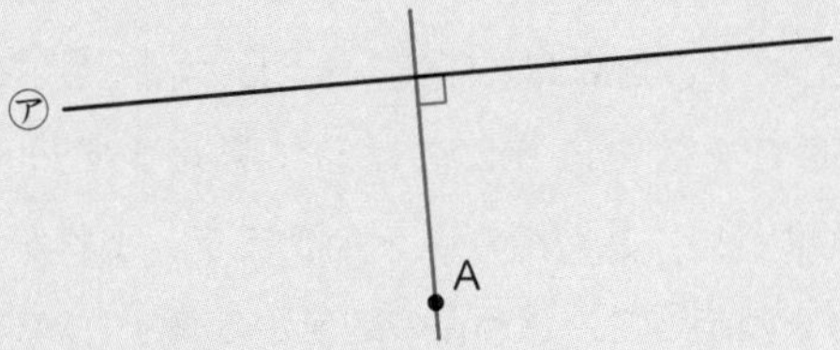

① 2本の直線が交わってできる角が直角のとき、この2本の直線は垂直であるといいます。

おうちのかたへ　「垂直」は2本の直線の交わり方を表すことばで、「直角」は90°の大きさや形を表すことばです。まちがえないようにさせてください。

② 直線㋑と直線㋖は、直線㋐と交わるまでのばしてたしかめましょう。

③ ④ 2まいの三角じょうぎを用意し、直角の部分を使います。

しあげの5分レッスン　垂直をたしかめるときも、垂直な直線をひくときも、三角じょうぎを使うよ。使い方になれておこうね。

ぴったり1 じゅんび　44ページ

1 ①㋐　②㋕
③㋔　④㋑
⑤㋐　⑥㋔
2 A(右の図)

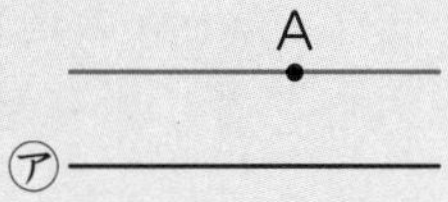

① (直線)⑦と⑦、(直線)⑦と⑦

② 2.5 cm

③ ⑰65°(65度)　⑰115°(115度)
　⑰65°(65度)　⑰115°(115度)

④ ①⑦

　②⑦————————————

① |本の直線に垂直な2本の直線は、平行であると
いえます。
直線⑦と直線⑦は、直線⑦と垂直です。
直線⑦と直線⑦は、直線⑦と垂直です。

② 平行線のはばは、どこも等しくなっています。
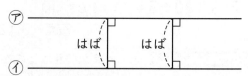

> 🕐**しあげの5分レッスン**　2まいの三角じょうぎを使
> う平行な直線のひき方は、くり返し練習して身につけ
> よう。

③ 平行な直線は、他の直線と等しい角度で交わりま
す。
　⑰→⑰と⑰の角度を合わせると半回転の角度です。
⑰の角度は、180°−65°＝115°で、115°です。
⑰→⑦と⑦の直線は平行なので、⑰の角度は⑰の
角度と同じで、115°です。

1 ①70　②平行

2 ①平行　②ＡＢ(ＢＡ)　③2　④3

① ⑮、⑦

② ⑧、⑦、⑯

③ ① 2.8 cm　② 3.5 cm
　③ 55°(55度)　④ 125°(125度)

④ ①
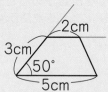

　②〈かき方|〉
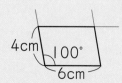

　〈かき方2〉
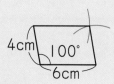

① 向かい合った|組の辺が平行な四角形が台形です。

② 向かい合った2組の辺が平行な四角形が平行四辺
形です。

③ 平行四辺形の向かい合った辺の長さは等しくなっ
ているので、辺ＡＢと辺ＤＣの長さは同じで、
2.8 cm です。また、辺ＢＣと辺ＡＤの長さは同
じで、3.5 cm です。
平行四辺形の向かい合った角の大きさは等しく
なっているので、角Ｄの大きさは角Ｂと同じで、
55°です。角Ｃは、180°−55°＝125°です。(直
線ＢＣをＣのほうにのばして考えます。)

④ ①はじめに5cmの辺をかきます。それから、50°
をはかって、3cmの辺をかきます。次に、5cm
の辺と平行になるように向かい合う2cmの
辺をかくと、残りの辺が決まります。

②まず、6cmの辺をかきます。次に、100°を
はかって、4cmの辺をかきます。その後の
かき方は2通りあります。〈かき方|〉では、
向かい合う辺が平行になるように、三角じょ
うぎを使ってかきます。〈かき方2〉では、向

> 🕐**しあげの5分レッスン**　平行になっている辺などに
> 目をつけると、四角形を仲間分けすることができるね。
> 台形と平行四辺形は、向かい合った辺が何組平行に
> なっているかに目をつけよう。

かい合う辺の長さが等しくなるように、コンパスを使ってかきます。

ぴったり1 じゅんび　48ページ

1 ①B　②5　③5　④D　⑤D

2 (1)①ひし形　②垂直　(2)①長方形　②長さ
(3)①真ん中　②③平行四辺形、正方形

ぴったり2 練習　49ページ　　　　　　　　　てびき

1 ①辺ABと辺DC、辺ADと辺BC
②辺BC、辺CD、辺AD
③角Aと角C、角Bと角D

2 ①　　②　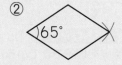

3 ①⑦、⑦　②⑦、⑦　③⑦、⑦、⑦、⑦

4 ①(例)　　②(例)　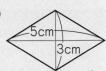

📖**しあげの5分レッスン** 対角線の特ちょうはまちがえやすいので、表にまとめるなどしてかくにんしよう。

① ひし形の特ちょうを使います。すべての辺が等しく、向かい合う角は等しくなっています。

② コンパスを使ってかきましょう。

🏠**おうちのかたへ** コンパスは、長さが等しいかどうかを調べるのにも便利です。

③ いろいろな四角形の特ちょうを整理しておきましょう。

④ ①5cmの対角線を2等分した点と、3cmの対角線を2等分した点を交わらせ、4つの頂点どうしを結びます。
②ひし形の対角線は垂直に交わるという特ちょうを使ってかきます。5cmの対角線を2等分した点を通る垂直な直線をかきます。

ぴったり3 たしかめのテスト　50〜51ページ　　てびき

1 ①⑦と⑦、⑦と⑦、⑦と⑦、⑦と⑦
②⑦と⑦、⑦と⑦

2 ①7cm　②115°(115度)

3 ①6cm　②50°(50度)

4

	正方形	長方形	ひし形	平行四辺形	台　形
①	○	○			
②	○		○		
③	○	○	○	○	

5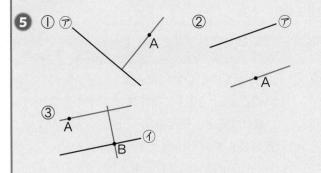

① ①2本の直線が交わってできる角が直角のとき、2本の直線は垂直です。また、1本の直線に垂直な2本の直線は平行です。

② 平行な直線は他の直線と等しい角度で交わります。
角Bは65°なので、角Aは
180°−65°=115°

③ ひし形は4つの辺の長さが等しいから、辺BCも6cmです。また、角Bは
右の図から、
180°−130°=50°

④ 正方形の対角線については、3つのことがらともあてはまります。

⑤ 三角じょうぎを使ってかきます。

🏠**おうちのかたへ** 上手くかけていない場合、しっかりと三角定規をおさえられているかを見てあげてください。

⑥ 〈かき方1〉 　　　　〈かき方2〉

 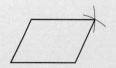

⑦ ①平行四辺形　②ひし形

🙂 しあげの5分レッスン 図形の問題では、じっさいに
図形をかいてかくにんしよう。

⑥ 向かい合った辺が平行になるように、三角じょう
ぎを使ってかく方法と、向かい合った辺の長さが
等しくなるように、コンパスを使ってかく方法が
あります。

⑦ ① 2本の対角線がそれぞれの真ん中の点で交わ
る四角形は、平行四辺形です。
② 2本の対角線がそれぞれの真ん中の点で交
わって、しかも垂直に交わる四角形はひし形
です。

7 がい数

ぴったり1 じゅんび 　52ページ

1 ①千　②千　③7　④上げ　⑤60000
2 ①3　②3　③4　④捨て　⑤75000
3 ①250　②349　③250　④350

🏠 おうちのかたへ 「以上」「以下」「未満」のことば
の意味を理解できているか確認させてください。
「○未満」は○を含みません。

ぴったり2 練習 　53ページ 　　　　**てびき**

1 ①800　②2900　③14000　④52000

2 ①1600　②7000　③3300
　④70000　⑤30000　⑥900000

🙂 しあげの5分レッスン 「△の位までのがい数」と
「上から○けたのがい数」のちがいに注意しよう。

3 ①33000　②55000　③910000
　④110000
4 234500 以上 235499 以下

1 ①②は十の位の数字に、③④は百の位の数字に
着目して、四捨五入してみます。

2 ① 百の位までのがい数だから、十の位で四捨五
入します。② 百の位、③ 十の位、④ 百の位、
⑤ 千の位、⑥ 千の位で、それぞれ四捨五入しま
す。⑥ で、千の位を四捨五入して一万の位が1
上がったとき、9がくり上がることに注意しま
しょう。

3 上から2けたのがい数だから、上から3けた目を
四捨五入します。

4 百の位で四捨五入するときの整数を見つけます。
235500 は、四捨五入すると 236000 になり
ます。

ぴったり1 じゅんび 　54ページ

1 ①百　②7000　③9000　④⑤7000、9000　⑥16000　⑦16000
　⑧9000　⑨7000　⑩2000　⑪日　⑫2000
2 (1)①20　②20　③400　④400　(2)①342　②342
3 (1)①4000　②8　③500　④500　(2)①498　②498

ぴったり2 練習 　55ページ 　　　　**てびき**

1 ①百の位まで…132000
　　千の位まで…132000
　　一万の位まで…140000
　②百の位まで…51200
　　千の位まで…51000
　　一万の位まで…50000

1 ① 百の位までのがい数にすると、
　96700＋35300 になります。千の位までの
　がい数にすると、97000＋35000 になります。
　一万の位までのがい数にすると、
　100000＋40000 になります。
② 百の位までのがい数にすると、

75000−23800 になります。千の位までの
がい数にすると、75000−24000 になります。
一万の位までのがい数にすると、
70000−20000 になります。

2 ①80×60＝4800
②900÷9＝100

2 ①見積もり…4800　　じっさい…4914
②見積もり…100　　じっさい…103

しあげの5分レッスン がい数の計算は、問題文を
よく読んで、何の位までのがい数にするのかに注意し
よう。

3 ①りんご…300円、みかん…200円、メロン…
500円なので、合わせると1000円
②切り捨てて計算した合計が1000円なので、
じっさいの合計は1000円以上になり、くじ
引きができます。

3 ①切り捨てて見積もる。
1000円
②できる。

しあげの5分レッスン 買い物のときなどに、目的
にあった見積もりのしかたを使い分けよう。

ぴったり3　たしかめのテスト　56～57ページ　　　てびき

1 ⑥、⑧

1 ぴったりの数でなくてはいけないかどうかを、考
えましょう。
⑥と⑧は、およその数で表してよいものやおよそ
の数しかわからないものです。

2 ①74000　②51000　③70000
④50000　⑤74000　⑥51000

2 千の位までのがい数は、百の位を四捨五入します。
一万の位までのがい数は、千の位を四捨五入しま
す。上から2けたのがい数は、上から3けた目を、
この場合は百の位を四捨五入します。

3 45

3 7＋8＋9＋10＋11＝45

4 2550以上2650未満

4 十の位を四捨五入して2600となる整数を考え
ます。十の位で切り上げる数字で一番小さいのは
5、切り捨てる数字で一番大きいのは4です。「未
満」はその数をふくみません。

5 ①164700　②24000　③800000　④8

5 ①139700＋25000
②96000−72000
③2000×400
④40000÷5000

6 切り上げて見積もる。
1900円

6 切り上げて見積もっておけば、お金が足りなくな
るということがないので安心です。
600＋400＋900＝1900

7 見当…100ふくろ
じっさい…98ふくろ

7 見当…800÷8＝100
じっさい…784÷8＝98

8 ①473500人　②999人

8 ②一番多い人口は474499人ですから、
474499−473500＝999

しあげの5分レッスン ふだんから、「約○人」や「お
よそ□本」など、さまざまながい数を目にするね。生
活の中には、他にどんな算数があらわれるか考えてみ
よう。

8 2けたの数でわる計算

1 ①16 ②2 ③16 ④8
2 ①9 ②9 ③4 ④10 ⑤4 ⑥10

てびき

1 ①8÷2 ②18÷9 ③42÷7
2 ①3 ②7 ③6 ④9
3 式 300÷60=5　　　　　答え 5つ
4 ①3あまり10
　②6あまり30
　③7あまり40
　④8あまり20

> 🏠おうちのかたへ 10をもとにして計算したときのあまりは、10がいくつあるかを表しているということです。

5 式 500÷70=7あまり10
　　　答え 7本買えて、10円あまる。

> ⏰しあげの5分レッスン 「10をもとにして考える」ということは、たとえばお金だと10円玉がいくつと考えるということだね。

1 何十でわる計算は、10をもとにして考えます。
2 10をもとにして考えます。
　①15÷5 ②49÷7 ③36÷6
　④72÷8の計算と同じ答えです。
3 10をもとにして、30÷6と考えます。
4 ①10をもとにして考えると、
　　7÷2=3あまり1
　　このあまり1は、10のことです。
　　わり算の答えのたしかめは、
　　わる数×商＋あまり＝わられる数
　　にあてはめて計算します。
　　20×3+10=70
5 50÷7=7あまり1で、あまりの1は10をもとにして考えたので、10になります。

1 ①6 ②72 ③小さく ④5 ⑤1
2 ①2 ②52 ③大きく ④3 ⑤4

てびき

1 ①3 ②2 ③2あまり5 ④4あまり3
2 ①3あまり17 ②5あまり8
　③2あまり20 ④1あまり40
3 ①3あまり2 ②4あまり7
　③6あまり2 ④3あまり1
4 式 75÷18=4あまり3
　　　答え 1人分は4まいで、3まいあまる。

> ⏰しあげの5分レッスン あまりがわる数より小さくなっているかをかならずかくにんするようにしよう。あまりが大きすぎたときは、商を1大きくするよ。

1 ①
```
      3
32)96
   96
    0
```
②
```
      2
42)84
   84
    0
```
③
```
      2
43)91
   86
    5
```
④
```
      4
23)95
   92
    3
```

2 ①
```
      3
24)89
   72
   17
```
②
```
      5
13)73
   65
    8
```
③
```
      2
24)68
   48
   20
```
④
```
      1
42)82
   42
   40
```

3 ①
```
      3
26)80
   78
    2
```
②
```
      4
17)75
   68
    7
```
③
```
      6
15)92
   90
    2
```
④
```
      3
29)88
   87
    1
```

4 80÷20=4と見当をつけます。

1 ①一の位（くらい）　②8　③7　④224　⑤22
2 ①十の位　②2　③4　④144　⑤0

1 ①6　②5　③5あまり9　④5あまり66

2 ①十の位　②十の位　③一の位

3 ①11
②33あまり5
③13あまり33
④30あまり13

4 ①式　671÷25＝26あまり21
　　　答え　26束（たば）できて、21本あまる。
②式　25−21＝4　　　　答え　4本

> **しあげの5分レッスン** われる数が3けたの筆算も、2けたの筆算と同じように計算するよ。まず、商がたつ位を決めよう。

---

1 商が何の位にたつかを考えます。わる数が2けたですから、われる数も上から2けたの数でくらべます。わる数が大きいときは商は一の位にたちます。

```
①      6      ②      5      ③      5
    24)144       43)215       39)204
       144          215          195
         0            0            9
```

```
④      5
    82)476
       410
        66
```

2 わる数が2けたの数だから、われる数の上から2けたの数字とくらべます。わる数が大きいときは、一の位に商がたちます。わる数が小さいか等しいときは、十の位に商がたちます。

```
①     18      ②     11      ③      9
    35)642       52)579       48)470
       35           52           432
       292          59            38
       280          52
        12            7
```

3
```
①     11      ②     33
    28)308       27)896
       28           81
        28           86
        28           81
         0            5
```
```
③     13      ④     30
    53)722       28)853
       53           84
       192          13
       159
        33
```

4 ①筆算は右のようになります。文章題では答えの書き方に注意しましょう。
```
       26
    25)671
       50
       171
       150
        21
```

1 ①2　②304　③91　④6　⑤912　⑥0　⑦26
2 ①10　②3　③6

1 ①258 ②84 あまり3
③65 ④4 あまり16

2 ①9 ②9 ③5 ④49

3 ①9あまり20
②5あまり500
③23あまり220

🏠 **おうちのかたへ** 0を消したわり算では、消した0の数だけあまりに0をつけているかを確認させましょう。

4 25

5 ①㋐24 ㋑4
②式 24÷4=6 答え 6まい

⏰ **しあげの5分レッスン** わり算のきまりを使いかんたんな数になおして計算する便利さを、感じることができたかな。

---

1 ①
$$34)\overline{8772}$$ 258
68
197
170
272
272
0

② $$26)\overline{2187}$$ 84
208
107
104
3

③ $$135)\overline{8775}$$ 65
810
675
675
0

④ $$371)\overline{1500}$$ 4
1484
16

2 わり算では、わられる数とわる数に同じ数をかけたり、わられる数とわる数を同じ数でわったりしても、商は変わらないことを利用して、計算をかんたんにできるようにくふうします。

3 ①
$$80)\overline{740}$$ 9
72
2 →20

② $$600)\overline{3500}$$ 5
30
5 →500

③ $$300)\overline{7120}$$ 23
60
112
90
22 →220

4 わり算では、わられる数とわる数に同じ数をかけても商は変わらないことを利用して答えましょう。
125÷5 → (125×3)÷(5×3)
=375÷15

5 数直線図を使うと、□をかけ算で求めるのか、わり算で求めるのかがわかりやすくなります。

---

1 48

2 ①18 ②63

---

1 商が2けたになるということは、十の位に商がたつことです。わる数とわられる数の上から2けたの数をくらべて、わられる数のほうが大きいか同じ数のとき、商は十の位にたちます。48のとき、商は1が十の位にたちます。

2 252÷36を計算して、その商から
①126÷商=□ ②商×9=□ としても求められますが、計算のきまりを利用しましょう。
①126は252÷2と考えると、36÷2で□が求められます。

3 ①3 ②9 ③7あまり10 ④8あまり40
⑤7 ⑥7 ⑦2あまり21 ⑧5あまり10

4 ①7あまり11 ②21あまり1

5 ①53 ②40あまり78

🕐しあげの5分レッスン　商とあまりを求めたら、「わる数×商＋あまり＝わられる数」の式で、答えのたしかめをしてみよう。

6 ①30 ②34

7 式　75÷12＝6あまり3
　　　答え　1人分は6本で、3本あまる。

はってん -

1 ①250 ②134

---

②9は36÷4と考えると、252÷4で□が求められます。

3 ①〜④は、10をもとにして考えます。

⑤
```
      7
11)77
   77
    0
```
⑥
```
      7
12)84
   84
    0
```
⑦
```
      2
24)69
   48
   21
```
⑧
```
      5
17)95
   85
   10
```

4 ①
```
       7
58)417
   406
    11
```
②
```
      21
31)652
   62
   32
   31
    1
```

5 ①
```
        53
45)2385
   225
    135
    135
      0
```
②
```
        40
213)8598
    852
     78
```

6 ①6000÷200 ⟩100でわる
＝60÷2
＝30
②8500÷250 ⟩10でわる
＝850÷25 ⟩5でわる
＝170÷5
＝34

7 ことばの式を考えて式を書きましょう。

1 ①625000÷2500 ⟩100でわる
＝6250÷25 ⟩4をかける
＝25000÷100
＝250
②2345000÷17500 ⟩100でわる
＝23450÷175 ⟩5でわる
＝4690÷35 ⟩5でわる
＝938÷7
＝134

おみやげを買おう 68〜69ページ ｜ てびき

❶ ①1500円 ②1800円 ③2600円
❷ ①28 ②700 ③150 ④400
❸ ①1020円 ②940円 ③950円
　④1450円

❸ ①140＋140＋180＋380＋180＝1020
　②300＋500＋140＝940
　③300＋650＝950
　④BセットとDセットとドーナツ2つで、
　　500＋670＋280＝1450

❾ 変わり方

ぴったり1 じゅんび 70ページ

❶ (1)㋐16 ㋑15 ㋒14 ①20 ②20
　(2)㋐8 ㋑9 ㋒10 ①1 ②4 ③4
　(3)㋐12 ㋑15 ㋒18 ①3 ②3

ぴったり2 練習 71ページ ｜ てびき

❶ ①㋐6 ㋑5 ㋒4 ㋓3
　②1本ずつへる。 ③〇＋△＝8 ④2本

❷ ①㋐4 ㋑8 ㋒12 ㋓16 ㋕20 ㋖24
　②4×〇＝△ ③52L ④25分

> ⏰**しあげの5分レッスン** 表を見て、2つの和が決まっ
> た数なのか、一方がふえるともう一方はどのように変
> わるのかなどを考えてみよう。

❶ 表をつくると、変わり方のきまりが見つけやすく
　なります。
　③たての本数が1ふえても、横の本数が1へる
　　ので、2つの数の和は変わりません。
　④6＋△＝8のときの、△の数です。
❷ (1分間の量)×(時間)＝(全体の量)にあてはめ
　ます。
　③4×13＝52
　④4×〇＝100より、〇＝100÷4＝25

ぴったり1 じゅんび 72ページ

❶ 10
❷ 30

ぴったり2 練習 73ページ ｜ てびき

❶ ①㋐28 ㋑27 ㋒26 ㋓25 ㋕24
　② たてと横の長さの変わり方

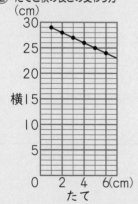

❶ ①たてと横の長さの和は30です。
　②表からうった点を直線でつなぎます。

> 🏠**おうちのかたへ** グラフに表すと、変わり方の様
> 子が見やすくなることを実感させます。

② ①
水の量の変わり方

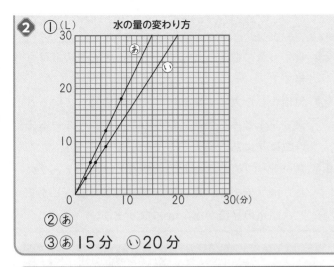

②あ

③あ15分　①20分

ぴったり③ **たしかめのテスト** 74〜75ページ　　　　**てびき**

❶ ①12×○=△

　②108

　③15

❷ ①⑦12　①15　⑦18　①21

　②3×○=△

　③式　3×12=36　　　　答え　36こ

❸ ①⑦17　①16　⑦15　①14　②13

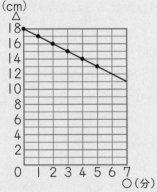

　②○+△=18

　③式　18−10=8　　　　答え　8cm

❹ ①○−△=6

　②式　○−12=6、○=6+12=18

　　　　　　　　　　答え　18さい

❺ ①30×○=△

　②式　30×○=480、○=480÷30=16

　　　　　　　　　　答え　16こ

❶ ①△は12の○倍になっています。

　②△=12×9=108

　③12×○=180より、○=180÷12=15

❷ ①②たとえば3番目の正三角形を、右のように分けて考えると、3このおはじきのならびが3つできます。おはじきの数は

3番目

　　3×3(こ)です。同じように考えていくと、○番目の正三角形には、○このおはじきのならびが3つできることがわかります。

❸ ○が1ふえると、△が1へっていく関係です。

しあげの5分レッスン グラフをかくときは、まず、表の点をうつよ。表の上のらんが横のじく、下のらんがたてのじくを表しているね。

❹ 2人の年れいの差はいつも6さいです。

❺ (1このねだん)×(買う数)=(代金)の式にあてはめて考えます。

しあげの5分レッスン グラフをかくときは、まず、表の点をうつよ。表の上のらんが横のじく、下のらんがたてのじくを表しているね。

⑩ 倍とかけ算、わり算

ぴったり① **じゅんび** 76ページ

❶ (1)①3　②4　③4

　(2)①4　②12　③12

　(3)①4　②3　③3

❶ 式 48÷8=6　　　　　　　答え　6倍

❷ ①⑦8　④1　⑦7
　②56
　③④1　⑦56

❸ 式 84÷7=12　　　　　　答え　12 m

🕐しあげの5分レッスン 求める大きさ、もとにする
大きさは何かを、図や□を使った式に表して考えよう。

てびき

❶ 青えん筆の数をもとにすると、赤えん筆の数は6
倍です。

❷ 何倍かした大きさを求めます。妹の持っている8
まいを1とみたとき、ひろみさんの持っているま
い数は7にあたる大きさになります。

❸ 黒いテープの長さをもとにすると、白いテープの
長さは7倍です。黒いテープの長さを□mとする
と、□mの7倍が84mになります。

❶ ①9 cm　②45 cm　③5倍

❷ ① 45 ÷ 5 = 9
　② 45 ÷ 9 = 5
　③ 9 × 5 = 45

🕐しあげの5分レッスン もとにする大きさの何倍か
を表す数を、割合というんだね。

❸ 式 9×8=72　　　　　　答え　72 さい

❹ 式 24÷8=3　　　　　　答え　3倍

❺ 式 128÷4=32　　　　　答え　32 cm

❻ 式　あ16÷4=4 (倍)
　　　①15÷3=5 (倍)
　答え　①のばねのほうがよくのびる。

てびき

❶ もとにする大きさの9cmを1とみたとき、5に
あたる大きさが45cmです。

❷ ①もとにする大きさは、何倍かした大きさ÷何倍
で求めます。
②何倍にあたるかは、何倍かした大きさ÷もと
にする大きさで求めます。
③何倍かした大きさは、もとにする大きさ×何
倍で求めます。

❸ もとにする大きさは、かけるさんの年れいの9さ
いです。
もとにする大きさの8倍の大きさを求めます。

❹ もとにする大きさは、金魚の数の8ひきです。メ
ダカの数が金魚のいくつ分なのかを考えます。

❺ もとにする大きさは、先月の高さです。これを
□cmとすると、□×4=128で、□=128÷4
で求めます。

❻ のびた長さは同じ12cmですが、もとにする大き
さにくらべてふえ方が大きいか小さいかは、割合
を使ってくらべます。

⑪ 小 数

1 ①0.5　②0.01　③0.03　④1.53
2 (1)①0.1　②0.01　③0.001　④4.265
　(2)①3　②0.2　③0.06　④0.009　⑤3.269

❶ ①2.22 L　②0.48 L

てびき

❶ ①2Lと0.2Lと0.02Lを合わせたかさだか
ら、2.22Lです。
②0.1Lが4つ分で0.4Lと、0.01Lが8つ分
で0.08Lだから、合わせて0.48Lです。

② ①0.03 m ②0.72 m ③1.06 m

③ ①7、0.5、0.01、0.009、7.519
　　②2、0.6、0.02、0.005、2.625

④ ①8.75 m ②2.06 m ③6.374 km
　　④1.306 km ⑤0.862 kg ⑥4.3 kg
　　⑦2.038 kg ⑧1053 g

② 一番小さい1目もりは、0.01 m を表しています。
　　③1 m の目もりから、右に6つ分です。

③ ①0.1 が5つ分で0.5、0.01 が1つ分で0.01、
　　0.001 が9つ分で0.009 です。
　　②0.1 が6つ分で0.6、0.01 が2つ分で0.02、
　　0.001 が5つ分で0.005 です。

④ 1 m＝100 cm、1 km＝1000 m、
　　1 kg＝1000 g　を使って考えます。

⏰**しあげの5分レッスン** 長さや重さの単位の関係を、もう一度かくにんしておこう。

びったり1 じゅんび 　**82**ページ

1 (1)①6 ②3 ③5 ④2 ⑤6.352
　　(2)①0.1 ②100 ③1000
2 ①3.44 ②3.55 ③3.41 ④3.44 ⑤3.5 ⑥3.55

びったり2 練習 　**83**ページ　　　　　　　　　　　　　**てびき**

1 ①6.321 ②23.045 ③2.005
　　④5.3

1 ①0.1 が3こで0.3、0.01 が2こで0.02、
　　0.001 が1こで0.001 だから、6.321
　　②0.001 が45こで0.045
　　③0.001 が2000こで2と、0.001 が5こで
　　0.005
　　④0.001 が5000こで5と、0.001 が300こ
　　で0.3

2 ①< ②>

2 一の位の数字は同じなので、$\frac{1}{10}$の位の数字でく
　　らべます。

3 0、0.005、0.03、1、1.0012、
　　1.01

3 位の上のほうから、同じ位の数をくらべていきま
　　す。0は一番小さい数です。

4 10倍…3.6　100倍…36

4 10倍すると位が1つ上がり、小数点が右に1つ
　　うつります。100倍すると位が2つ上がり、小
　　数点が右に2つうつります。

5 $\frac{1}{10}$…18　$\frac{1}{100}$…1.8

5 $\frac{1}{10}$にすると位が1つ下がり、小数点が左に1つ
　　うつります。$\frac{1}{100}$にすると位が2つ下がり、小数
　　点が左に2つうつります。

6 ①2、9、4
　　②0.06

6 2.94 は他の見方で表すこともできます。
　　(例)2と0.9と0.04を合わせた数
　　(例)2.9より0.04大きい数

⏰**しあげの5分レッスン** 10倍すると位が1つ上が
り、$\frac{1}{10}$にすると位が1つ下がるのは、整数と同じだ
ね。

1 (1)①63　②74　③63　④74　⑤137　⑥1.37
　　(2)5.79
2 5.29

1 ①あ387　い454　う841　え8.41
　　②あ972　い68　う904　え9.04
2 ①7.59　②2.13
　　③35.23　④10.5
3 ①0.73　②3.45
　　③5.14　④0.971

1 0.01がいくつあるか考えます。

2 小数のたし算は、位をそろえてから整数の筆算と同じように計算します。

3 小数のひき算も、位をそろえてから整数の筆算と同じように計算します。

[しあげの5分レッスン]小数のたし算やひき算の筆算は、整数と同じように計算できるよ。最後に小数点をつけることをわすれないようにしよう。

1 ①4.26 m　②5.208 km
　　③0.32 kg　④1.075 kg

[おうちのかたへ]1m＝100cm、1km＝1000m、1kg＝1000gです。単位の関係を確認させてください。

2 ①0.001　②2.56　③6.024
　　④7、3、1、5　⑤2、3、4
3 ①67.2　②82.4　③6.542　④0.23

4 ①5396　②3、9、6

5 ①7.85　②7.81　③9.507　④77.56
　　⑤8　⑥35.085
6 ①5.36　②6.18　③3.337　④20.61
　　⑤1.643　⑥22.63
7 式　1.73＋0.284＝2.014
　　　　　　　　　　　　答え　2.014 L
8 式　3.23－2.84＝0.39
　　　　　　　　　　　　答え　0.39 m

1 ③300 g は 0.3 kg、20 g は 0.02 kg と考えると、0.32 kg となります。
　④1 kg と 75 g と考えます。75 g は 0.075 kg ですから、1.075 kg となります。1.75 kg とするまちがいが多いので注意しましょう。

2 ④7と0.3と0.01と0.005に分けます。
　⑤0.2と0.03と0.004に分けて考えます。

3 10倍すると小数点は右へ1けた、100倍すると右へ2けたうつります。$\frac{1}{10}$にすると小数点は左へ1けた、$\frac{1}{100}$にすると左へ2けたうつります。

4 ①0.01が5000こで50、0.01が300こで3、0.01が90こで0.9、0.01が6こで0.06となります。

5 小数点の位置をそろえてから計算します。

6 計算した後の小数点は、位をそろえた位置に合わせてうちます。

7 牛にゅうの量とコーヒーの量を合わせます。

8 記録のちがいはひき算で求めます。
　（さくらさんの記録）－（たけるさんの記録）

[しあげの5分レッスン]まちがえた問題にもう一度取り組んで、どこでまちがえたのかをたしかめてみよう。

12 面　積

ぴったり1 **じゅんび** 　**88**ページ

1 ①13　②14　③○　④1

2 ①25　②25　③24　④24

ぴったり2 **練習** 　**89**ページ

てびき

1 ①20、30　②面積
　③cm²、平方センチメートル
　④20、30　⑤○、10

1 面積は、同じ大きさの正方形のいくつ分で表すことができます。

　おうちのかたへ 広さも、長さやかさ、重さと同じように、もとにするもののいくつ分かで考えます。広さのもとにするものは、1辺が1cmの正方形です。

2 ①4cm²　②5cm²　③1cm²
　④2cm²　⑤2cm²

2 ①1cm²の4つ分と考えます。
　③1cm²の2つ分の半分と考えます。
　④1cm²の4つ分の半分と考えます。
　⑤1cm²の4つ分の半分と考えます。

3 (例)

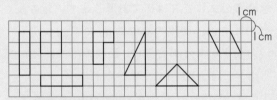

1cm
1cm

3 1辺が1cmの正方形の面積が1cm²です。「cm²」は面積の単位です。

　しあげの5分レッスン 面積を表す単位のcm²で、「2」を書くのをわすれないようにしよう。cm²とcmはちがうことに気をつけようね。

ぴったり1 **じゅんび** 　**90**ページ

1 (1)①たて　②横　③4　④7　⑤28　⑥28
　(2)①1辺　②1辺　③5　④5　⑤25　⑥25

2 ①4　②2　③16　④4　⑤12　⑥12

ぴったり2 **練習** 　**91**ページ

てびき

1 ①54cm²　②6400cm²

1 ①長方形の面積＝たて×横から、
　　6×9＝54(cm²)
　②正方形の面積＝1辺×1辺から、
　　80×80＝6400(cm²)

2 10cm²

2 まわりの長さが14cmの長方形のたてと横の長さの和は、14÷2＝7で7cmです。長方形のたての長さが2cmなので、横の長さは7－2＝5で5cm。この長方形の面積は、2×5＝10で10cm²になります。

3 ①式　128÷16＝8　　　　答え　8cm
　②式　156÷12＝13　　　答え　13cm

3 ①横の長さを□cmとすると、
　　16×□＝128より、□＝128÷16
　②たての長さを□cmとすると、
　　□×12＝156より、□＝156÷12

④ ①式　$2 \times 1 = 2$
　　　　$2 \times (2+1+1) = 2 \times 4 = 8$
　　　　$2 + 8 = 10$　　　　答え　10 cm²
　②式　$7 \times 16 - 4 \times 3 = 112 - 12 = 100$
　　　　　　　　　　答え　100 cm²

> 🕐 **しあげの5分レッスン**　長方形の面積と、たての長さがわかるときの横の長さは「面積÷たて」、横の長さがわかるときのたての長さは「面積÷横」で求められるよ。

④ ①形を2つに分けたり、おぎなったりと、求め方はいろいろありますが、ここでは方法1で求めました。

（方法1）　　（方法2）　　（方法3）

②大きい長方形から、かけた長方形の部分をひいた形と考えます。3つの長方形や正方形に分けても求められますが、計算が大変です。

ぴったり1　じゅんび　　92 ページ

1 ①8　②7　③56　④56
2 ①6　②12　③72　④72
3 ①1　②8　③1　④4

ぴったり2　練習　　93 ページ　　〔てびき〕

1 ①式　$25 \times 12 = 300$　　　答え　300 m²
　②式　$14 \times 14 = 196$　　　答え　196 m²

2 ①式　$6 \times 6 = 36$　　　答え　36 km²
　②式　$9 \times 7 = 63$　　　答え　63 km²

3 ①80000　②40　③16　④3600

4 1200 a、12 ha

> 🕐 **しあげの5分レッスン**　たての長さと横の長さの単位がちがう場合の面積を求めるときは、単位をどちらかにそろえることに注意しよう。

1 単位が大きくなっても、長方形や正方形の面積を求める公式にあてはめて計算します。辺の長さがmのときは、面積の単位はm²です。

2 辺の長さがkmのときは、面積の単位はkm²です。

3 ①1 m² = 10000 cm²です。これは、
　1 m × 1 m → 100 cm × 100 cmと考えて、0が4つつきます。
　1 km² = 1000000 m²です。これは、
　1 km × 1 km → 1000 m × 1000 mと考えて、0が6つつきます。
②1 a = 100 m²です。よって、
　4000 m² = 40 aになります。
④1 ha = 10000 m²です。よって、
　36000000 m² = 3600 haになります。

4 $300 \times 400 = 120000$なので面積は120000 m²です。
1 a = 100 m²なので1200 a、
1 ha = 10000 m²なので12 haです。

ぴったり3　たしかめのテスト　　94〜95 ページ　　〔てびき〕

1 ①cm²　②km²　③m²　④ha

2 ①式　$21 \times 18 = 378$　　　答え　378 cm²
　②式　$12 \times 12 = 144$　　　答え　144 cm²
　③式　$17 \times 25 = 425$　　　答え　425 km²
　④式　$15 \times 15 = 225$　　　答え　225 m²

3 ①式　$288 \div 18 = 16$　　　答え　16 cm
　②式　$768 \div 32 = 24$　　　答え　24 m

1 じっさいの面積を想ぞうして考えましょう。

2 長方形の面積＝たて×横
正方形の面積＝1辺×1辺
辺の長さの単位に注意しましょう。

3 横＝長方形の面積÷たて
たて＝長方形の面積÷横

4 ①式 12×21−6×6＝252−36

　　　　　　　　　　＝216

　　　　　　　　　　　　答え　216 cm²

　　②式　50×20＝1000　35×30＝1050

　　　　10×20＝200

　　　　1000＋1050＋200＝2250

　　　　　　　　　　　答え　2250 cm²

5 ①300　②16000000　③200000

　　④40

6 式　16×36÷24＝24

　　　　　　　　答え　24 cm、正方形

はってん

1 式　4×6÷2＝12　　　　答え　12 cm²

┌─────────────────────────────────┐
│ **しあげの5分レッスン**「長方形の面積＝たて×横」、│
│「正方形の面積＝1辺×1辺」を、しっかりおぼえよう。│
└─────────────────────────────────┘

4 ①長方形から中の正方形をのぞいたものと考え

　　ます。

　　②3つの長方

　　　形に分ける

　　　考え方をし

　　　めしました。

20cm
15cm
30cm
50cm
あ
35cm
い
20cm
10cm
70cm
う

5 1 a＝100 m²　　1 ha＝10000 m²

　　1 km²＝1000000 m²

6 もとの長方形の面積は、16×36＝576（cm²）

　　なので、これを横の長さでわって求めます。

1 直角三角形の面積は、大きな長方形の面積の半分

　　になります。

 ## そろばん

┌──────────────────────────┐
│ **ぴったり1 じゅんび**　　**96**ページ │
└──────────────────────────┘

1 ①6　②1　③5　④2　⑤117

2 ①1　②2　③1　④5　⑤94

┌──────────────────────────┐
│ **ぴったり2 練習**　　**97**ページ　　　　　　**てびき** │
└──────────────────────────┘

1 ①152億100万　②15.152

2 ①75　②62　③76　④117　⑤131

　　⑥132

3 ①28　②34　③34　④93　⑤38

　　⑥68

4 ①62億　②88兆　③0.86　④1.71

　　⑤0.39　⑥0.73

1 そろばんでも、一の位（定位点）を決めれば大きな

　　数や小数も表すことができます。

2 くり上がるときの玉のおき方に注意します。

3 くり下がるときの玉のはらい方に気をつけましょ

　　う。

4 そろばんで、大きな数や小数の計算もできます。

　　玉のおき方、はらい方に気をつけます。

┌──────────────────────────────────────┐
│ **しあげの5分レッスン** 一の位と決めた定位点がどこなのかをわすれないようにしよう。│
└──────────────────────────────────────┘

⓭ 小数と整数のかけ算・わり算

┌──────────────────────────┐
│ **ぴったり1 じゅんび**　　**98**ページ │
└──────────────────────────┘

1 (1)①7　②7　③4.9　(2)①9　②9　③2.7

2 (1)15.2　(2)203.5　(3)195.0

┌──────────────────────────┐
│ **ぴったり2 練習**　　**99**ページ　　　　　　**てびき** │
└──────────────────────────┘

1 ①6、4.8　②9、3.6　③5、3.5

1 小数×整数の計算は、小数が0.1のいくつ分な

　　のかを考えます。

❷ ①47.6 ②17.1 ③41.4

❸ ①41.4 ②620.1 ③217 ④210

❹ ①9.44 ②155.03 ③0.72 ④0.9

> 🏠 **おうちのかなへ** 答えの小数点がかけられる数に
> そろえてうたれているか、小数点より右の終わりの
> 0を消しているか、確認させましょう。

❺ 式 3.65×8＝29.2　　　　答え 29.2L

> ⏱ **しあげの5分レッスン** 小数に整数をかける筆算は、
> かけられる数とかける数の右側の数字をそろえて書く
> よ。答えの小数点は、かけられる数にそろえてうとう。

---

❷
①　　6.8　　　②　　5.7　　　③　　4.6
　　×　　7　　　　　×　　3　　　　　×　　9
　　　47.6　　　　　17.1　　　　　41.4

❸ 小数点がないものとして計算して、かけられる数
にそろえて、積の小数点をうちます。

❹
①　　2.36　　　　　②　　　4.19
　　×　　　4　　　　　　×　　37
　　　9.44　　　　　　　2933
　　　　　　　　　　　　1257
　　　　　　　　　　　155.03

③　　0.18　　　　　④　　0.15
　　×　　　4　　　　　　×　　　6
　　　0.72　　　　　　　0.90

❺ （1つ分の量）×（いくつ分）＝（全部の量） にあ
てはめて考えます。小数点より右にある終わりの
0の消しわすれに注意しましょう。

じゅんび **100**ページ

1 ①9.6 ②3 ③96 ④96 ⑤3.2 ⑥3.2
2 ①－ ②わられる ③8 ④1 ⑤8

練習 **101**ページ　　　　　　　　　　　　てびき

❶ ①81、0.9 ②72、0.9

❷ ①2.3 ②12.4 ③0.8 ④0.7

❸ ①1.7 ②4.6 ③4.9 ④0.7

---

❶ 小数÷整数の計算も、小数×整数と同じように
小数が0.1のいくつ分なのかを考えます。

❷
①　　　　2.3　　　　　②　　　12.4
　　4)9.2　　　　　　　7)86.8
　　　 8　　　　　　　　　7
　　　 12　　　　　　　　16
　　　 12　　　　　　　　14
　　　　0　　　　　　　　28
　　　　　　　　　　　　　28
　　　　　　　　　　　　　 0

③　　　0.8　　　　　④　　　0.7
　　8)6.4　　　　　　5)3.5
　　　64　　　　　　　35
　　　 0　　　　　　　 0

❸
①　　　　　1.7　　　　②　　　　　4.6
　24)40.8　　　　　13)59.8
　　　24　　　　　　　　52
　　　168　　　　　　　　78
　　　168　　　　　　　　78
　　　　0　　　　　　　　 0

③　　　　　4.9　　　　④　　　　　0.7
　56)274.4　　　　　37)25.9
　　 224　　　　　　　 259
　　　504　　　　　　　　 0
　　　504
　　　　0

④ ①1.84　②3.74　③0.81　④0.18

④ 商の小数点は、わられる数の小数点の位置にそろえてうちます。わられる数がわる数より小さいときは、商の一の位に0を書きます。

①
```
     1.84
 4)7.36
   4
   33
   32
    16
    16
     0
```

②
```
      3.74
 9)33.66
   27
    66
    63
     36
     36
      0
```

③
```
     0.81
 7)5.67
   56
     7
     7
     0
```

④
```
      0.18
24)4.32
   24
    192
    192
      0
```

> 🕐 **しあげの5分レッスン** 整数どうしのわり算と同じように、小数を整数でわるわり算も筆算でできるね。商の小数点の位置に注意しよう。

ぴったり①　じゅんび　102ページ

❶ ①1.6　②2　③わられる　④1.6
❷ ①2.20　②0.55

ぴったり②　練習　103ページ　　　　　　　**てびき**

❶ ①4あまり1.3　②6あまり2.3
　③5あまり8.7
　[答えのたしかめ]
　①2×4+1.3=9.3
　②9×6+2.3=56.3
　③17×5+8.7=93.7

> 🏠 **おうちのかたへ** わり算の答えのたしかめは、「わる数×商+あまり=わられる数」ですが、「わる数×商」を「商×わる数」で計算してもよいです。この段階ではまだ、整数に小数をかける計算は学習していません。

❷ ①1.35　②1.425　③0.075

❸ ①4.5　②0.08　③0.125

❶ あまりの小数点は、わられる数の小数点にそろえてうちます。
答えのたしかめは、
わる数×商+あまり=わられる数

①
```
    4
 2)9.3
   8
   1.3
```

②
```
    6
 9)56.3
   54
   2.3
```

③
```
     5
17)93.7
   85
   8.7
```

❷ わられる数の右に0を書きたしてわり進みます。

①
```
    1.35
 4)5.40
   4
   14
   12
    20
    20
     0
```

②
```
     1.425
 8)11.400
   8
   34
   32
    20
    16
    40
    40
     0
```

③
```
     0.075
24)1.800
   168
    120
    120
      0
```

❸
①
```
    4.5
 8)36.0
   32
    40
    40
     0
```

②
```
     0.08
50)4.00
   400
     0
```

③
```
     0.125
 8)1.000
   8
   20
   16
    40
    40
     0
```

31

④ $\frac{1}{100}$ の位まで計算して、$\frac{1}{100}$ の位を四捨五入します。

```
①   0.84      ②      6       ③    2.10
7)5.90        2.55          17)35.80
  56        9)23.00           34
  ──          18              ──
  30          ──              18
  28          50              17
  ──          45              ──
   2          ──              10
              50
              45
              ──
               5
```

しあげの5分レッスン わり算で答えを求めたら、答えのたしかめをするしゅうかんをつけよう。

ぴったり1 じゅんび　104ページ

1　(1)①5　②3.2　③3.2
　　(2)①8　②0.7　③0.7
2　①黄　②12　③1.5　④1.5
　　⑤12　⑥0.5　⑦0.5

ぴったり2 練習　105ページ　　　　　　　**てびき**

1　①1.6　②0.4　③0.6

2　①1.5倍　②0.4倍　③2.5倍　④0.75倍

3　式　67.2÷32=2.1　　答え　2.1倍

しあげの5分レッスン「□は〇の何倍ですか。」と書かれていたら、もとにする大きさは〇だね。

1　①4.8÷3=1.6　②3.2÷8=0.4
　　③12÷20=0.6

2　ある大きさ÷もとにする大きさ　にあてはめて求めます。
　　①30÷20=1.5　②20÷50=0.4
　　③50÷20=2.5　④30÷40=0.75

3　もとにする大きさはひできさんの体重です。

ぴったり3 たしかめのテスト　106〜107ページ　　**てびき**

1　①24.5　②117.6　③14.8
　　④180　⑤129　⑥902.2

おうちのかたへ 小数のかけ算やわり算の筆算は、整数のときの筆算のしかたと同じであることに気づかせてください。

1　④⑤のように、小数点より右の終わり数が0のときは、その0を消しておきます。

```
①   4.9       ②  19.6       ③    0.4
  ×  5          ×   6          ×37
  ────          ────          ────
  24.5          117.6          28
                               12
                              ────
                              14.8

④   7.5       ⑤  25.8       ⑥   34.7
  × 24          ×   5          ×  26
  ────          ─────         ─────
   300          129.0          2082
   150                          694
  ────                        ─────
  180.0                       902.2
```

2　①1.2　②8.6　③0.18

2　商の小数点は、わられる数の小数点にそろえてうちます。

```
①   1.2       ②   8.6       ③   0.18
7)8.4         4)34.4        12)2.16
  7             32             12
  ──            ──             ──
  14            24             96
  14            24             96
  ──            ──             ──
   0             0              0
```

3 ① 2あまり3.7　② 4あまり2.6

4 ① 6.25　② 0.065

5 ① 0.6　② 2.1　③ 3.07

6 式　1.6×12＝19.2　　　　答え　19.2 kg

7 式　9.2÷4＝2.3　　　　　答え　2.3 m

8 式　17.6÷4＝4.4　　　　　答え　4.4 kg

9 式　57÷32＝1.78…　　　　答え　約1.8倍

⌐‐‐¬
しあげの5分レッスン　まちがえた問題は、答えの
たしかめの式を使ってもういちどときなおしてみま
しょう。
└‐‐┘

---

3 あまりの小数点の位置に気をつけましょう。わら
れる数の小数点にそろえます。

①
$$
\begin{array}{r}
2 \\
6\,)\overline{15.7} \\
\underline{12} \\
3.7
\end{array}
$$

②
$$
\begin{array}{r}
4 \\
18\,)\overline{74.6} \\
\underline{72} \\
2.6
\end{array}
$$

4 わりきれるまで計算するときは、小数点や右はし
に0があるものとみて、わり算を続けます。

①
$$
\begin{array}{r}
6.25 \\
4\,)\overline{25.00} \\
\underline{24} \\
10 \\
\underline{8} \\
20 \\
\underline{20} \\
0
\end{array}
$$

②
$$
\begin{array}{r}
0.065 \\
36\,)\overline{2.340} \\
\underline{216} \\
180 \\
\underline{180} \\
0
\end{array}
$$

5 ①②は、$\dfrac{1}{100}$ の位まで計算して、$\dfrac{1}{100}$ の位を
四捨五入します。

③は、$\dfrac{1}{1000}$ の位まで計算して、$\dfrac{1}{1000}$ の位を
四捨五入します。

①
$$
\begin{array}{r}
6 \\
0.58 \\
8\,)\overline{4.70} \\
\underline{40} \\
70 \\
\underline{64} \\
6
\end{array}
$$

②
$$
\begin{array}{r}
1 \\
2.08 \\
6\,)\overline{12.50} \\
\underline{12} \\
50 \\
\underline{48} \\
2
\end{array}
$$

③
$$
\begin{array}{r}
7 \\
3.066 \\
9\,)\overline{27.600} \\
\underline{27} \\
60 \\
\underline{54} \\
60 \\
\underline{54} \\
6
\end{array}
$$

6 ことばの式で表すと、
（1この重さ）×（買った数）＝（全部の重さ）　に
なります。

7 正方形の4つの辺の長さはみんな等しいことから、
4でわります。

8 1mあたりの重さを求めるので、全体の重さを
4でわります。

9 もとにする大きさはかおるさんの体重です。
$\dfrac{1}{100}$ の位まで計算して、$\dfrac{1}{100}$ の位を四捨五入
します。

14 分 数

ぴったり1 じゅんび 108ページ

1 ①3 ②6 ③8
2 ①仮分数 ②真分数 ③帯分数 ④仮分数

ぴったり2 練習 109ページ ｜ てびき

1 ①$\frac{2}{7}$ ②$\frac{8}{7}$ ③$\frac{12}{7}$
④$1\frac{1}{7}$ ⑤$1\frac{6}{7}$ ⑥$2\frac{1}{7}$

2 真分数…$\frac{2}{3}$、$\frac{4}{12}$、$\frac{5}{9}$

仮分数…$\frac{8}{5}$、$\frac{9}{8}$、$\frac{10}{10}$

帯分数…$1\frac{3}{4}$、$2\frac{3}{5}$

3 ①$1\frac{5}{6}$ ②$2\frac{1}{3}$ ③$3\frac{1}{4}$

4 ①$\frac{11}{4}$ ②$\frac{16}{5}$ ③$\frac{31}{7}$

しあげの5分レッスン 真分数は「分子＜分母」で、仮分数は「分子＝分母」か「分子＞分母」の分数だね。

5 ①＜ ②＝ ③＞

1 ①は真分数、②③は仮分数、④〜⑥は帯分数になります。

2 真分数は、分子が分母より小さい分数です。
仮分数は、分子と分母が等しいか、分子が分母より大きい分数です。
帯分数は、整数と真分数の和で表した分数です。

3 ①11÷6＝1あまり5なので、$\frac{11}{6}=1\frac{5}{6}$
②7÷3＝2あまり1なので、$\frac{7}{3}=2\frac{1}{7}$
③13÷4＝3あまり1なので、$\frac{13}{4}=3\frac{1}{4}$

4 ①4×2+3＝11なので、$2\frac{3}{4}=\frac{11}{4}$
②5×3+1＝16なので、$3\frac{1}{5}=\frac{16}{5}$
③7×4+3＝31なので、$4\frac{3}{7}=\frac{31}{7}$

5 分数の大きさは、仮分数と帯分数のどちらかにそろえると、くらべやすくなります。

ぴったり1 じゅんび 110ページ

1 ①5 ②2 ③7 ④$\frac{7}{9}$

2 ①12 ②5 ③7 ④$\frac{7}{9}$

ぴったり2 練習 111ページ ｜ てびき

1 ①$\frac{8}{7}\left(1\frac{1}{7}\right)$ ②$\frac{11}{9}\left(1\frac{2}{9}\right)$ ③$\frac{20}{8}\left(2\frac{4}{8}\right)$
④$\frac{8}{3}\left(2\frac{2}{3}\right)$ ⑤$2\left(\frac{8}{4}\right)$ ⑥$\frac{18}{10}\left(1\frac{8}{10}\right)$

2 ①$\frac{2}{3}$ ②$\frac{7}{6}\left(1\frac{1}{6}\right)$ ③$2\left(\frac{10}{5}\right)$
④$\frac{8}{9}$ ⑤$1\left(\frac{6}{6}\right)$ ⑥$\frac{1}{7}$

1 分母が同じ分数のたし算は、分子だけをたします。答えは仮分数でも帯分数でも正しいです。

おうちのかたへ 分数の計算の答えは、帯分数と仮分数のどちらで答えてもかまいません。自分のしやすい計算方法で出した答えで書きます。

2 分母が同じ分数のひき算は、分子だけをひきます。

34

③ ①式 $\frac{13}{8}+\frac{6}{8}=\frac{19}{8}\left(2\frac{3}{8}\right)$ 答え $\frac{19}{8}\left(2\frac{3}{8}\right)$ m

　②式 $\frac{13}{8}-\frac{6}{8}=\frac{7}{8}$ 　　　答え $\frac{7}{8}$ m

④ ①式 $\frac{9}{5}+\frac{6}{5}=3\left(\frac{15}{5}\right)$ 答え $3\left(\frac{15}{5}\right)$ L

　②式 $\frac{9}{5}-\frac{6}{5}=\frac{3}{5}$ 　　　答え $\frac{3}{5}$ L

③ ①はたし算の式、②はひき算の式になります。

④ ①は「合わせて」なのでたし算、②は「ちがいは」なのでひき算です。ひき算は、多いほうから少ないほうをひきます。

---

1 (1)① 3　② $\frac{4}{5}$　③ $3\frac{4}{5}$

　(2) $\frac{9}{7}$

2 ① $\frac{4}{3}$　② $1\frac{2}{3}$

---

1 ① $5\frac{3}{5}\left(\frac{28}{5}\right)$　② $7\frac{6}{7}\left(\frac{55}{7}\right)$　③ $7\frac{2}{9}\left(\frac{65}{9}\right)$

　④ $9\frac{4}{8}\left(\frac{76}{8}\right)$　⑤ $6\left(\frac{30}{5}\right)$　⑥ $9\left(\frac{54}{6}\right)$

2 ① $4\frac{2}{4}\left(\frac{18}{4}\right)$　② $2\left(\frac{14}{7}\right)$　③ $\frac{4}{6}$

　④ $3\frac{3}{9}\left(\frac{30}{9}\right)$　⑤ $2\frac{5}{7}\left(\frac{19}{7}\right)$　⑥ $1\frac{1}{3}\left(\frac{4}{3}\right)$

3 ①式 $1\frac{4}{7}+\frac{6}{7}=2\frac{3}{7}\left(\frac{17}{7}\right)$

　　　　　　　　　答え $2\frac{3}{7}\left(\frac{17}{7}\right)$ kg

　②式 $1\frac{4}{7}-\frac{6}{7}=\frac{5}{7}$ 　答え $\frac{5}{7}$ kg

4 式 $5\frac{1}{5}-4\frac{3}{5}=\frac{3}{5}$ 　答え $\frac{3}{5}$ L

1 帯分数のたし算やひき算は、次の2通りの計算のしかたがあります。

(1)帯分数を整数部分と分数部分に分けて計算する。

(2)帯分数を仮分数になおして計算する。
どちらの方法で計算してもかまいません。

2 帯分数のひき算で分数部分がひけないときは、帯分数を仮分数になおすか、ひかれる数の整数部分から1だけを分数になおして計算します。

3 ①仮分数で答えてもよいですが、帯分数で表すと、大きさがわかりやすくなります。
　②ちがいは、ひき算で求めます。

しあげの5分レッスン 分数のたし算やひき算は、仮分数や帯分数になっても真分数の計算と同じで、もとにする分数のいくつ分かを考えるんだね。

---

1 ①② $\frac{1}{4}$、$\frac{2}{8}$

2 ①分母　② $\frac{3}{5}$　③ $\frac{3}{7}$

---

1 ① 4
　② 2
　③ 3

1 ① 1を2つに分けた1つ分は、1を8つに分けた4つ分と等しいです。

　② 1を4つに分けた1つ分は、1を8つに分けた2つ分と等しいです。

　③ 1を8つに分けた6つ分は、1を4つに分けた3つ分と等しいです。

② $\frac{1}{2}$ と $\frac{3}{6}$、 $\frac{1}{3}$ と $\frac{2}{6}$

┌───┐
│ 🕐 **しあげの5分レッスン** 分母がちがっていても、大 │
│ きさの等しい分数があるんだね。   │
└───┘

③ ① 大きく　② 小さく

④ $\frac{1}{5}$、 $\frac{2}{5}$、 $\frac{3}{5}$、 $\frac{4}{5}$、 $\frac{5}{5}$、 $\frac{7}{5}$

⑤ $\frac{7}{2}$、 $\frac{7}{3}$、 $\frac{7}{4}$、 $\frac{7}{7}$、 $\frac{7}{8}$、 $\frac{7}{11}$

ぴったり3 たしかめのテスト　116〜117ページ

てびき

①
②
③

② ① $2\frac{2}{3}$　② $\frac{15}{7}$　③ $\frac{9}{6}$, $1\frac{3}{6}$　④ $\frac{6}{10}$, 0.6

③ ① $\frac{9}{8}$　② $1\frac{3}{5}$　③ $\frac{11}{7}$

④ ① $2\frac{2}{5}$　② $1\frac{1}{9}$　③ $\frac{8}{7}$　④ $\frac{15}{4}$

⑤ ① $\frac{13}{11}$、 $\frac{10}{11}$、 $\frac{8}{11}$　② $\frac{3}{5}$、 $\frac{3}{9}$、 $\frac{3}{10}$

① ① １mを３等分しています。
　 ② １mを５等分しています。

② 分子と分母が同じか、分子が分母より大きい分数が仮分数で、整数と真分数の和で表した分数が帯分数です。

③ ②③のように、帯分数と大きさをくらべるときは、帯分数を仮分数になおしてくらべるとわかりやすいです。
　 ② $1\frac{3}{5}=\frac{8}{5}$　③ $1\frac{2}{7}=\frac{9}{7}$ とします。

④ ① $\frac{12}{5}$ の中に、１となる分数の $\frac{5}{5}$ がいくつあるか考えます。
　 ② $\frac{9}{9}$ で１となります。
　 ③ $1=\frac{7}{7}$ の関係を使って、 $\frac{1}{7}$ が全部でいくつあるか考えます。
　 ④ ３は $\frac{12}{4}$ と同じだから、 $\frac{1}{4}$ が15こと考えます。

⑤ ①分母が同じ分数では、分子が大きくなるほど、分数が大きくなります。
　 ②分子が同じ分数では、分母が小さくなるほど、分数が大きくなります。

② １を６等分した１目もりが $\frac{1}{6}$、１を２等分した１目もりが $\frac{1}{2}$ で、数直線上では $\frac{1}{6}$ の目もりの３つ分と $\frac{1}{2}$ が同じ位置にあるから、等しい分数となります。

③ 分母が同じときは、分子が大きくなるほど分数は大きくなり、分子が同じときは、分母が大きくなるほど分数は小さくなります。まちがえないようにしましょう。

④ 分母が同じ分数では、分子が小さくなるほど分数は小さくなります。

⑤ 分子が同じ分数では、分母が小さくなるほど分数は大きくなります。

⑥ ① $\frac{15}{9}$ $\left(1\frac{6}{9}\right)$ ② $3\left(\frac{12}{4}\right)$ ③ $5\frac{3}{6}\left(\frac{33}{6}\right)$

④ $4\frac{2}{7}\left(\frac{30}{7}\right)$ ⑤ $6\frac{3}{5}\left(\frac{33}{5}\right)$ ⑥ $5\left(\frac{20}{4}\right)$

⑦ ① $\frac{3}{5}$ ② $\frac{2}{7}$ ③ $2\frac{2}{6}\left(\frac{14}{6}\right)$

④ $1\frac{4}{8}\left(\frac{12}{8}\right)$ ⑤ $2\left(\frac{18}{9}\right)$ ⑥ $\frac{3}{5}$

⑦ $1\frac{2}{7}\left(\frac{9}{7}\right)$ ⑧ $4\frac{1}{8}\left(\frac{33}{8}\right)$ ⑨ $1\frac{2}{3}\left(\frac{5}{3}\right)$

⑩ $3\frac{3}{4}\left(\frac{15}{4}\right)$ ⑪ $2\frac{2}{9}\left(\frac{20}{9}\right)$ ⑫ $\frac{5}{6}$

⑧ 式 $2\frac{1}{3}+\frac{2}{3}=3\left(\frac{9}{3}\right)$ 答え $3\left(\frac{9}{3}\right)$ L

⑥ 分母が同じ分数のたし算は、分子だけをたします。答えは仮分数でも帯分数でも正かいです。

⑦ 分母が同じ分数のひき算は、分子だけをひきます。

⑧ 「合わせて何L」なので、式はたし算です。

しあげの5分レッスン 仮分数や帯分数をふくむ分数のたし算やひき算も、真分数どうしのたし算、ひき算と同じ考え方でできるね。

15 直方体と立方体

ぴったり1 じゅんび 118 ページ

1 (1)① 直方体 ② 立方体
  (2)① 8 ② 12 ③ 6
2 ① HG ② AB

おうちのかたへ 「直方体」や「立方体」を長方体、正方体と書きまちがえていないか確認してください。

ぴったり2 練習 119 ページ

てびき

1 ① 直方体
  ② 4つずつ、3組
  ③ 2つずつ、3組
2 ① 3つ ② 平面
3 ① 面お ② 面あ、面う、面お、面か
4

2 ① どの頂点にも3つの辺が集まっています。
3 ② 向かい合う面え以外は、すべてとなり合う面になります。
4 底にある面①をもとにして順に開いていきましょう。

しあげの5分レッスン 直方体や立方体の展開図をかいたら、面が6つあることをかくにんしよう。

ぴったり1 じゅんび 120 ページ

1 (1)う (2)お (3)BC (4)DC
2 ① 3 ② 4 ③ 1 ④ 4 ⑤ 3
  ⑥ GH(HE) ⑦ HE(GH)

1 ①１つ
　②面え
　③面う
　④４つ
　⑤面あ、面い、面う、面お
　⑥面あ、面い、面え、面か
　⑦辺DC、辺HG、辺EF
　⑧辺AB、辺AD、辺EF、辺EH
　⑨面お、面う
　⑩辺AE、辺BF、辺CG、辺DH
　⑪辺AB、辺BC、辺DC、辺AD

1 ②向かい合っている面えが平行な面です。
　④面かととなり合っている面を見つけます。
　⑦辺ABに向かい合っている辺です。
　⑧辺AEにとなり合っている辺です。
　⑩面あにとなり合っている辺です。

 しあげの5分レッスン 「平行」とは「どこまでのばしても交わらないこと」だね。立体の辺と辺でも、面と辺でも同じだよ。

1 点線

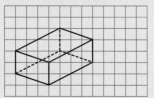

 おうちのかたへ 位置を表すときは、もとになる点がどこなのかをはっきりさせてください。

2 ①20　②10　③20　④10　⑤20

1

2 ①（東へ２m、北へ１m）
　②（東へ３m、北へ５m）
　③（東へ４m、北へ２m）
　④（東へ１m、北へ６m）
3 ①（東へ５cm、北へ５cm、高さ15cm）
　②（東へ15cm、北へ15cm、高さ０cm）
　③（東へ10cm、北へ10cm、高さ15cm）

1 全体の形がわかるようにかいた図が見取図です。見取図では、見えない辺は点線でかきます。

 しあげの5分レッスン 見えない辺は点線でかくことになれよう。

2 平面上にある点の位置は、２つの長さの組で表すことができます。

3 空間にある点の位置は、３つの長さの組で表すことができます。

1 ①⑦12　①6　⑦3
　②⑦12　①6　⑦3
　③8
2 ①（東へ25m、北へ20m）
　②（東へ５m、北へ25m）
　③（東へ20m、北へ０m）

1 ②立方体には、同じ長さの辺が12あって、１つの頂点には３つの辺が集まっています。

2 平面上にある点の位置は、２つの長さの組で表すことができます。

3

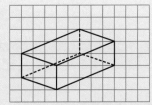

4 ①辺ＢＦ、辺ＣＧ、辺ＤＨ
　②辺ＡＤ、辺ＢＣ、辺ＦＧ、辺ＥＨ
　③面ⓔ
　④面ⓐ、面ⓘ

5 ①面ⓤ
　②面ⓘ、面ⓞ
　③面ⓐ、面ⓤ、面ⓔ、面ⓚ

6 ⑦4　④2　⑨6

7 ①

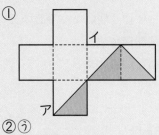

　②ⓤ

3 全体の形がわかるようにかいた図が見取図です。
見えない辺は点線でかきましょう。

4 ①辺ＣＧ、辺ＤＨをわすれることが多いので、
　気をつけましょう。

5 見取図を思いうかべながら、考えましょう。

6 向かい合う面にしるしをつけて考えると、わかり
やすくなります。

7 ②右の図のように、
アからイに直線
をひく場合に、
線の長さが一番
短くなります。

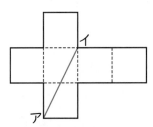

┌─────────────────────────────────────┐
│ ⏱️**しあげの5分レッスン**　面や辺の垂直や平行を調べ │
│ るときは、問題を読みながら、図にしるしをつけて考 │
│ えよう。 │
└─────────────────────────────────────┘

4年のふくしゅう①

まとめのテスト　〔126ページ〕　〔てびき〕

1 ①2860900000　②5742300000000

2 ①4.8　②12.407　③25600　④2.56

3 ①8000　②40000　③2600　④16300

4 ①$\frac{13}{10}$　②$\frac{15}{7}$

5 式　96÷8＝12　　　　　　答え　12まい

6 式　4.2÷7＝0.6　　　　　　答え　0.6ｍ

7 式　56÷12＝4あまり8
　　　4＋1＝5　　　　　　　　答え　5箱

1 大きな数は、右から4けたごとに区切って考えま
す。読みのない位には0を書くことに気をつけま
しょう。

2 ①0.1が10こで1であるということから考えます。
　③100倍すると小数点が右へ2けたうつります。
　　整数を100倍した数は右に0を2つつけた数
　　になります。

3 ①百の位、②千の位、③上から3けた目、④上
から4けた目を四捨五入します。

4 ①分母が同じ分数では、分子が大きいほど大き
　　くなります。
　②帯分数を仮分数にすると、分子の大きさがく
　　らべやすくなります。

5 妹の折り紙の数を□まいとすると、□×8＝96
です。□を求める式はわり算になります。

6 「7人で等分する」ので、わり算の式になります。
　一の位に商がたたないので、0を書いて小数点を
　うちます。

7 あまりの8こを入れるのに、箱がもう1つ必要で
す。わり算の商の4を、そのまま答えにしないよ
うに気をつけます。

4年のふくしゅう②

1 ①式　2m＝200 cm
　　　　200×70＝14000
　　　　　　　　　　答え　14000 cm²
　②式　320÷16＝20　　答え　20 cm

　③式　6×9＝54　（12－6）×（9－6）＝18
　　　（15－6）×10＝90
　　　　54＋18＋90＝162
　　　　　　　　　　答え　162 cm²

2 ①直方体
　②

3 ①

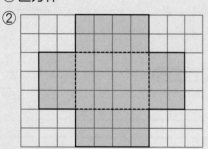

70°45°
4cm

　②
3cm
45°

4 ア…90°、イ…80°、ウ…100°

てびき

1 長方形の面積は
　たての長さ×横の長さ　で求めます。
　③右の図のように3つの長方形に
　　分けて求めてみましょう。

2 ①6つの面はすべて長方形になっています。
　②立体を、辺にそって切り開いて、平面の上に広げてかいた図が展開図です。
　　この形は、ふたのない箱です。

3 分度器、コンパスを使ってきちんとかきましょう。

4 平行な直線は、ほかの直線と等しい角度で交わるせいしつから考えましょう。

4年のふくしゅう③

1 ①350　②100　③7　④67　⑤160

2 ①式　65×4＋120×2＝260＋240
　　　　　　　　　　　　　＝500
　　　　　　　　　　答え　500円
　②式　（150＋60）×4＝210×4
　　　　　　　　　　　　＝840
　　　　　　　　　　答え　840円

3 ①13　②2.7、3.9　③4.2

てびき

1 計算の順じょを思い出しましょう。（　）の中を先に計算します。また。×、÷は＋、－より先に計算します。
　⑤72×8－52×8＝（72－52）×8
　　　　　　　　　＝20×8＝160

2 ことばの式にあてはめて考えてみましょう。
　①（えん筆4本の代金）＋（消しゴム2この代金）
　　＝（全部の代金）
　②（1組のねだん）×（組の数）＝（全部の代金）

3 かけ算では、かける数とかけられる数を入れかえて計算しても、答えは同じになります。

★ 夏 のチャレンジテスト

てびき

1 ①9853002500
②3000400020000
③1526000000
④6002000340000

2 ①280億
②7兆1000億
③63億
④62億

3 ①ウ、オ
②エ、オ
③ウ、オ
④イ、ウ、エ、オ

4 ①120 ②306

5 ①20 ②80
③199 ④127

1 ①98億5300万2500、②3兆4億2万を数字で書きます。
③15億2600万となります。
④6兆20億34万となります。

2 ①×10は、位が1つ上がることと同じで、0を1つつけます。
②×100は、位が2つ上がることと同じで、0を2つつけます。
71000億ではなくて、7兆1000億とします。
③÷100は、わられる数の0を2つとることと同じです。
④数が大きくても同じ位どうしをたします。

3 4つの辺の長さが等しいのは正方形とひし形です。2本の対角線の長さが等しく、垂直に交わっているのは正方形です。長方形は2本の対角線の長さが等しいですが、垂直に交わっていません。ひし形は垂直に交わっていますが、長さが等しくありません。台形だけが1組の向かい合う辺が平行です。そのほかの四角形は2組とも平行です。

4 ①一の位の0を書きわすれています。　②十の位の0を書きわすれています。

```
      120              306
  8)960            3)918
    8                 9
    16               18
    16               18
     0                0
```

5 ①②は、筆算で求めてもよいのですが、ここでは暗算でしてみましょう。
①180を10をもとにして18÷9＝2で、10が2つ分だから20と答えます。

```
③   199          ④   127
  5)995            7)889
    5                 7
    49               18
    45               14
     45               49
     45               49
      0                0
```

41

6
① 125
② 42 あまり 6
③ 91
④ 92 あまり 2

6
①
```
    125
 6)750
    6
    15
    12
    30
    30
     0
```
②
```
     42
 9)384
    36
    24
    18
     6
```
③
```
    91
 5)455
    45
     5
     5
     0
```
④
```
    92
 9)830
    81
    20
    18
     2
```

7
① 90　② 10　③ 109
④ 0　⑤ 10　⑥ 90

7 ×、÷、＋、－のまじった計算では、×、÷を先に計算します。また、（ ）のある式では、（ ）の中を先に計算します。
① 42＋48＝90
② 62－52＝10
③ 100＋9＝109
④ 120－120＝0
⑤ 60÷6＝10
⑥ 18×5＝90

8
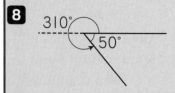

8 360° よりどれだけ小さいかを考えます。
360°－310°＝50°

9
①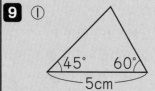
②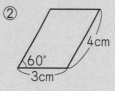

9 ①まず5cmの辺をかきます。次に、分度器を使って45°、60°の角になる辺をかきます。
②3cmの辺をかきます。次に、分度器で60°をはかり、4cmの直線をものさしを使ってかきます。

10
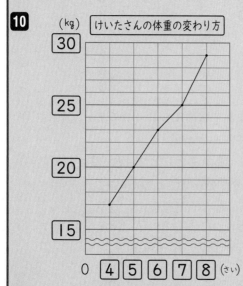

10 折れ線グラフでは変わり方の様子がわかります。このグラフでは、横のじくに年れいを、たてのじくに体重をとります。それぞれの交わったところに点をうち、それを直線でつなぎます。

11 式　366÷7＝52 あまり 2
答え　52 週間と 2 日

11 1週間は7日なので、366を7でわります。

12 式　$1000-(50\times8+80\times6)$
　　　　$=1000-(400+480)$
　　　　$=1000-880=120$　　　　答え　120円

13 ⓐ…1、ⓘ…3、ⓤ…2、ⓔ…8

12 代金をひとまとまりとして（　）を使って表します。（　）の中を先に計算しましょう。

13 ⓐ＋ⓘ＝4、ⓘ＋ⓤ＝5となることをたしかめましょう。ⓔは、はんの人数の合計になります。

冬のチャレンジテスト

てびき

1
①34000
②1500000
③2600000

1 ①は百の位、②は千の位、③は上から3けた目を四捨五入してがい数にします。
②は、切り上げたときのくり上がりに注意しましょう。

2 ①110 cm² ②63 m²

2 面積の公式をしっかりと理かいしておきましょう。
長方形の面積＝たて×横
正方形の面積＝1辺×1辺

3 1800 a、18 ha

3 $300\times600=180000(m^2)$
1 a＝100 m² なので、180000 m²＝1800 a
1 ha＝10000 m² なので、180000 m²＝18 ha

4
①6.2　②12.32
③1.85　④11.12

4 筆算では位をそろえて書き、整数のたし算、ひき算と同じように計算して、和や差の小数点をうちます。
③5.6 は、5.60 と考えて計算します。
③　　5.60
　　－3.75
　　　1.85

5
①2　②2あまり3
③31　④8あまり4
⑤82　⑥12

5
①　43)86 = 2、86、0
②　36)75 = 2、72、3
③　29)899 = 31、87、29、29、0
④　75)604 = 8、600、4
⑤　45)3690 = 82、360、90、90、0
⑥　97)1164 = 12、97、194、194、0

6 ①8　②21

6 ①わられる数とわる数を11でわると、
　$440\div55=40\div5=8$
②わられる数とわる数を100でわると、
　$6300\div300=63\div3=21$

43

7 式　54÷18＝3

答え　3L

8 式　185÷15＝12 あまり 5

答え　12 ふくろできて、5 本あまる。

9 式　580÷76＝7 あまり 48

7＋1＝8　　　　答え　8 回

10 式　528÷12＝44(箱)

630÷14＝45(箱)

答え　りんご

11 式　72÷6＝12　　答え　12 倍

12 式　48÷8＝6　　答え　6 さい

13 3750 以上 3849 以下、100 こ

14 ①あ…120、い…80、う…60、え…48

②240÷○＝△

③12 cm

---

7 文章の問題は、問題文を正しく読み取って式に表すことがポイントです。「分けると」などの言葉に注意して式を考えましょう。

8 答えの書き方にも注意しましょう。

9 あまった 48 こを運ぶには、もう 1 回運ばなければなりません。

10 文章をきちんと読みとって、何を答えるかを考えて書きましょう。

11 くらべる大きさがもとにする大きさの何倍にあたるかは、わり算で求めます。白いテープの長さがくらべる大きさで、赤いテープの長さがもとにする大きさです。

12 けんたさんの年れいを□さいとすると、

□×8＝48　と表せます。

□は、わり算で求められます。

13 百の位までのがい数だから、十の位で四捨五入します。十の位を四捨五入して 3800 になる一番小さい整数は 3750 で、一番大きい整数は 3849 です。

3750 から 3849 までの整数の数は、

3849－3750＋1＝100(こ)

14 ○と△の積は、いつも 240 になる関係です。

③②の式の○に 20 をあてはめると、

240÷20＝12(cm)です。

春のチャレンジテスト

てびき

1 ①7、2.8　②45、0.9

2 ①14　②140

---

1 ①小数×整数の計算は、小数が 0.1 のいくつ分なのかを考えます。

②小数÷整数の計算も、0.1 がいくつ分なのかを考えます。

2 わり算では、わられる数とわる数に同じ数をかけても、また同じ数でわっても、商は変わらないというきまりから考えます。

①67.2÷4.8＝(67.2×10)÷(4.8×10)

＝672÷48

②672÷4.8＝(672×10)÷(4.8×10)

＝6720÷48

＝10×672÷48

＝10×14

3 ① $2\frac{2}{6}$

② $\frac{12}{7}$

4 ア、イ、エ

5 ①73.8　②92.53　③10.94

6 ①5.6　②0.634　③1.75

7 ① $2\frac{5}{7}\left(\frac{19}{7}\right)$　② $3\frac{2}{9}\left(\frac{29}{9}\right)$　③ $1\frac{3}{8}\left(\frac{11}{8}\right)$

④ $6\frac{5}{6}\left(\frac{41}{6}\right)$

8 ①（東へ8cm、北へ4cm、高さ0cm）

②（東へ6cm、北へ2cm、高さ4cm）

9 式　0.6×15＝9

答え　9kg

3 ① $\frac{14}{6}$ の中に、1となる分数の $\frac{6}{6}$ がいくつあるかを考えます。

$\frac{6}{6}=1$ だから、$\frac{12}{6}=2$ と考えます。

② $1=\frac{7}{7}$ だから、$\frac{7}{7}$ と $\frac{5}{7}$ で $\frac{12}{7}$

4 展開図を組み立てた形を考えてみましょう。立方体の展開図は、この他にもいくつかあります。

5 小数×整数の筆算は、整数のかけ算と同じように計算して、かけられる数にそろえて積の小数点をうちます。

①
$$\begin{array}{r} 12.3 \\ \times\quad 6 \\ \hline 73.8 \end{array}$$

②
$$\begin{array}{r} 4.87 \\ \times\quad 19 \\ \hline 4383 \\ 487 \\ \hline 92.53 \end{array}$$

③
$$\begin{array}{r} 2.735 \\ \times\quad 4 \\ \hline 10.94\not{0} \end{array}$$

6 小数÷整数の筆算は、整数のわり算と同じように計算して、わられる数にそろえて商の小数点をうちます。わり進むわり算は、わられる数の右に0を書きたしてわり算を続けます。

①
$$\begin{array}{r} 5.6 \\ 8\,\big)\,44.8 \\ 40 \\ \hline 48 \\ 48 \\ \hline 0 \end{array}$$

②
$$\begin{array}{r} 0.634 \\ 15\,\big)\,9.510 \\ 90 \\ \hline 51 \\ 45 \\ \hline 60 \\ 60 \\ \hline 0 \end{array}$$

③
$$\begin{array}{r} 1.75 \\ 4\,\big)\,7.00 \\ 4 \\ \hline 30 \\ 28 \\ \hline 20 \\ 20 \\ \hline 0 \end{array}$$

7 分母が同じ分数のたし算・ひき算は、分母はそのままで分子どうしを計算します。

④10のうちの1を、ひく数の分母に合わせた分数にしてから計算します。

$$10-3\frac{1}{6}=9\frac{6}{6}-3\frac{1}{6}=6\frac{5}{6}$$

8 空間にある点の位置は、3つの長さの組で表すことができます。

9 （1ふくろの重さ）×（ふくろの数）＝（全部の重さ）です。積の小数点の右にある終わりの0は消します。

10 式　$465.5 \div 19 = 24.5$
$24.5 \div 19 = 1.\overset{3}{2}8\cdots$

答え　約 1.3 倍

10 はじめに、長方形の面積＝たて×横　から横の長さを計算します。
次に、くらべる大きさ÷もとにする大きさ　で何倍かを求めます。上から3けた目の $\frac{1}{100}$ の位まで計算して四捨五入します。

11 ①式　$\frac{2}{7} + 1\frac{6}{7} = 1\frac{8}{7} = 2\frac{1}{7}\left(\frac{15}{7}\right)$

答え　$2\frac{1}{7}\left(\frac{15}{7}\right)$L

②式　$1 - \frac{3}{10} - \frac{6}{10} = \frac{10}{10} - \frac{3}{10} - \frac{6}{10} = \frac{1}{10}$

答え　$\frac{1}{10}$L

11 問題文を正しく読み取ります。

12 式　$\left(1\frac{1}{9} + 1\frac{1}{9}\right) + \left(2\frac{4}{9} + 2\frac{4}{9}\right) = 2\frac{2}{9} + 4\frac{8}{9}$

$= 6\frac{10}{9}$

$= 7\frac{1}{9}\left(\frac{64}{9}\right)$

答え　$7\frac{1}{9}\left(\frac{64}{9}\right)$m

12 長方形のまわりの長さ＝たて＋たて＋横＋横

13

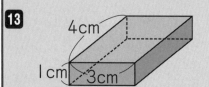

13 見取図では、見えない辺は点線でかきます。

14 ①面い、面え、面お、面か
②辺AD、辺HD、辺BC、辺GC
③辺AE、辺DH、辺CG
④辺BF、辺FG、辺GC、辺CB

14 直方体の面と面、辺と辺、面と辺の関係を、しっかりと整理しておきましょう。

1 ①5020000000
②1000000000000

2 ①3 ②25 あまり11 ③4.04
④0.64 ⑤107.3 ⑥0.35
⑦$\frac{9}{7}$ $\left(1\frac{2}{7}\right)$ ⑧$\frac{11}{5}$ $\left(2\frac{1}{5}\right)$
⑨$\frac{6}{8}$ ⑩$\frac{3}{4}$

3 ①9 ②5 ③8

4 ①式 $20\times30=600$
答え 600 m²
②式 $500\times500=250000$
$(250000 \text{ m}^2=25 \text{ ha})$
答え 25 ha

5 あ15° ①45° う35°

6 ①あ、①、え、お
②あ、①、え、お ③あ、①

7 ①えの面
②あの面、うの面、えの面、かの面

8 ①45 ②9 ③54

9 ①

だんの数 (だん)	1	2	3	4	5	6	7
まわりの長さ (cm)	4	8	12	16	20	24	28

②○×4＝△
③式 $9\times4=36$ 答え 36 cm

10 ①2000 ②200 ③2000
④200 ⑤400000
⑥(例) けたの数がちがう

11 ①①
②(例) 6分間水の量が変わらない部分
があるから。

1 0の場所や数をまちがえていないか、右から4けたごとに区切って、たしかめましょう。

2 ⑧⑩帯分数のたし算・ひき算は仮分数になおして計算するか、整数と真分数に分けて計算します。
⑧ $1\frac{4}{5}+\frac{2}{5}=\frac{9}{5}+\frac{2}{5}=\frac{11}{5}$
または、$1\frac{4}{5}+\frac{2}{5}=1+\frac{6}{5}=1+1\frac{1}{5}=2\frac{1}{5}$
⑩ $1\frac{1}{4}-\frac{2}{4}=\frac{5}{4}-\frac{2}{4}=\frac{3}{4}$
または、$1\frac{1}{4}-\frac{2}{4}=1+\frac{1}{4}-\frac{2}{4}=\frac{1}{4}+1-\frac{2}{4}=\frac{1}{4}+\frac{2}{4}=\frac{3}{4}$

3 求められるところから、計算します。
例えば、②16−11＝5 ③19−11＝8
次に、①を計算します。①17−8＝9

4 ②10000 m²＝1 ha です。250000 m²＝25 ha ははぶいて書いていなくても、答えが 25 ha となっていれば正かいです。

5 あ45°−30°＝15° ①180°−(35°+100°)＝45°
う向かい合った角の大きさは同じです。または、①の角が
45°だから、180°−(100°+45°)＝35°

6 それぞれの四角形のせいしつを、整理した上で考えるとよいです。

7 実さいに組み立てた図に記号を書きこんで考えるとよいです。

8 ①40＋15÷3＝40＋5＝45
②72÷(2×4)＝72÷8＝9
③9×(8−4÷2)＝9×(8−2)＝9×6＝54

9 ②③まわりの長さはだんの数の4倍になっていることが、①の表からわかります。

10 上から1けたのがい数にして、見積もりの計算をします。
⑥44160 と数がまったくちがうことが書いていれば正かいとします。

11 ①あおいさんは、とちゅうで6分間水をとめたので、その間は水そうの水の量は変わりません。
②あおいさんが水をとめている間は、水の量が変わらないので、折れ線グラフの折れ線が横になっている部分があるということが書けていても正かいです。

A

計算せんもんドリル

4年

4年　組

特色と使い方

- ● このドリルは、計算力を付けるための計算問題をせんもんにあつかったドリルです。
- ● 教科書ぴったりトレーニングに、このドリルの何ページをすればよいのかが書いてあります。教科書ぴったりトレーニングにあわせてお使いください。

教科書ぴったり
トレーニングの
ここを見てね

🐾 もくじ 🐾

🏠 おうちのかたへ

- ・お子さまがお使いの教科書や学校の学習状況により、ドリルのページが前後したり、学習されていない問題が含まれている場合がございます。お子さまの学習状況に応じてお使いください。
- ・お子さまがお使いの教科書により、教科書ぴったりトレーニングと対応していないページがある場合がございますが、お子さまの興味・関心に応じてお使いください。

1 答えが何十・何百になる わり算

1 次の計算をしましょう。　　　　　　　　　　　月　　日

① 40÷2

② 50÷5

③ 160÷2

④ 150÷3

⑤ 720÷8

⑥ 180÷6

⑦ 490÷7

⑧ 240÷4

⑨ 540÷9

⑩ 350÷7

2 次の計算をしましょう。　　　　　　　　　　　月　　日

① 900÷3

② 400÷4

③ 3600÷9

④ 4500÷5

⑤ 4200÷6

⑥ 2400÷3

⑦ 1800÷2

⑧ 2800÷7

⑨ 6300÷9

⑩ 4800÷8

1 次の計算をしましょう。　　　　　　　月　　日

① 5)65　② 3)69　③ 4)43　④ 2)358

⑤ 4)675　⑥ 4)835　⑦ 5)345　⑧ 9)739

2 次の計算を筆算でしましょう。　　　　月　　日

① 74÷6　　　② 856÷7

1 次の計算をしましょう。

月　　日

① $8\overline{)96}$

② $2\overline{)86}$

③ $3\overline{)62}$

④ $5\overline{)645}$

⑤ $2\overline{)264}$

⑥ $7\overline{)763}$

⑦ $9\overline{)252}$

⑧ $7\overline{)480}$

2 次の計算を筆算でしましょう。

月　　日

① $73 \div 4$

② $749 \div 6$

4 1けたでわるわり算の 筆算③

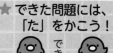

1 次の計算をしましょう。

月　　日

① 3)87

② 3)93

③ 4)82

④ 8)984

⑤ 6)650

⑥ 8)146

⑦ 3)276

⑧ 8)246

2 次の計算を筆算でしましょう。

月　　日

① 94÷5

② 918÷9

1 次の計算をしましょう。

月　　日

① 2)92

② 3)60

③ 5)59

④ 9)917

⑤ 4)372

⑥ 9)589

⑦ 4)128

⑧ 3)248

2 次の計算を筆算でしましょう。

月　　日

① 83÷3

② 207÷3

1 次の計算をしましょう。

月　日

① 7)84　　② 4)80　　③ 3)98　　④ 5)695

⑤ 2)618　　⑥ 6)297　　⑦ 8)328　　⑧ 4)123

2 次の計算を筆算でしましょう。

月　日

① 99÷8　　② 693÷7

7 わり算の暗算

1 次の計算をしましょう。

月　　日

① 48÷4

② 62÷2

③ 99÷9

④ 36÷3

⑤ 72÷4

⑥ 96÷8

⑦ 95÷5

⑧ 84÷6

⑨ 70÷2

⑩ 60÷5

2 次の計算をしましょう。

月　　日

① 28÷2

② 77÷7

③ 63÷3

④ 84÷2

⑤ 72÷6

⑥ 92÷4

⑦ 42÷3

⑧ 84÷7

⑨ 60÷4

⑩ 80÷5

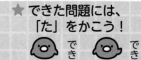
8 3けたの数をかける 筆算①

1 次の計算をしましょう。　　　　　　月　　　日

① 　248
　×312

② 　156
　×463

③ 　618
　×524

④ 　587
　×615

⑤ 　802
　×737

⑥ 　　28
　×319

⑦ 　754
　×205

⑧ 　530
　×407

2 次の計算を筆算でしましょう。　　　　月　　　日

① 245×256

② 609×705

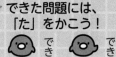

1 次の計算をしましょう。

月　　日

① 　 １５３
　 × ６４９

② 　 ４８３
　 × ２１２

③ 　 ８６２
　 × ２５７

④ 　 ９３７
　 × ８４６

⑤ 　 ４３０
　 × １２９

⑥ 　 　３５
　 × ３５６

⑦ 　 ４３５
　 × ７０３

⑧ 　 ４０３
　 × ７０５

2 次の計算を筆算でしましょう。

月　　日

① 　 ４９×２４１

② 　 ８４１×６０７

1 次の計算をしましょう。

月　日

① 　1.48
　+2.51

② 　6.29
　+1.92

③ 　7.46
　+4.59

④ 　5.93
　+8.28

⑤ 　4.35
　+0.96

⑥ 　　8
　+2.46

⑦ 　7.6
　+0.43

⑧ 　5.18
　+1.72

⑨ 　5.62
　+1.38

⑩ 　1.732
　+5.8

2 次の計算を筆算でしましょう。

月　日

① 1.89+0.4

② 9.24+3

③ 0.309+0.891

④ 13.79+0.072

　13.79
+0.072
　14.51

ダメ!!

11 小数のたし算の筆算②

★ できた問題には、
「た」をかこう！

でき 1 ○　でき 2 ○

---

1 次の計算をしましょう。

月　日

①
```
  5.4 9
+ 1.3 5
```

②
```
  3.0 9
+ 6.8 5
```

③
```
  7.6 1
+ 5.1 8
```

④
```
  9.1 9
+ 8.7 3
```

⑤
```
  0.7 2
+ 3.5 9
```

⑥
```
  4.4 4
+ 2.9
```

⑦
```
  5.4
+ 0.6 1
```

⑧
```
  2.4 6
+ 6.1 4
```

⑨
```
  3.4 2
+ 3.5 8
```

⑩
```
  5.6 0 3
+ 7.1 4 8
```

---

2 次の計算を筆算でしましょう。

月　日

① $0.8 + 3.72$

② $4.25 + 4$

③ $8.051 + 0.949$

④ $1.583 + 0.76$

12 小数のひき算の筆算①

1 次の計算をしましょう。

月　日

| ① | 8.94
−1.23 | ② | 9.75
−3.06 | ③ | 8.37
−4.59 | ④ | 8.05
−0.78 |

| ⑤ | 8.03
−7.15 | ⑥ | 2.48
−2.39 | ⑦ | 4.51
−1.7 | ⑧ | 6
−3.28 |

| ⑨ | 0.389
−0.291 | ⑩ | 4
−0.028 |

2 次の計算を筆算でしましょう。

月　日

① 1−0.81

② 3.67−0.6

③ 0.855−0.72

④ 4.23−0.125

ダメ!! ✗

```
  4.23
−0.125
 4.115
```

1 次の計算をしましょう。

月　　日

① 　6.0 5
　−4.0 4

② 　7.6 5
　−5.5 8

③ 　5.1 6
　−2.3 9

④ 　2.0 5
　−0.1 9

⑤ 　9.4 5
　−8.5 7

⑥ 　4.8 5
　−4.0 7

⑦ 　9.7 8
　−2.8

⑧ 　1
　−0.5 4

⑨ 　3.5 1 2
　−1.4 0 3

⑩ 　3
　−2.0 8 7

2 次の計算を筆算でしましょう。

月　　日

① 1−0.18

② 2.91−0.9

③ 4.052−0.93

④ 0.98−0.801

14 何十でわるわり算

1 次の計算をしましょう。　　　　　　　　　　月　　　日

① 60÷30　　　　　　② 80÷20

③ 40÷20　　　　　　④ 90÷30

⑤ 180÷60　　　　　　⑥ 280÷70

⑦ 400÷50　　　　　　⑧ 360÷40

⑨ 720÷90　　　　　　⑩ 540÷60

2 次の計算をしましょう。　　　　　　　　　　月　　　日

① 90÷20　　　　　　② 90÷50

③ 50÷40　　　　　　④ 80÷30

⑤ 400÷60　　　　　　⑥ 620÷70

⑦ 890÷90　　　　　　⑧ 210÷80

⑨ 200÷70　　　　　　⑩ 520÷80

15 2けたでわるわり算の 筆算①

1 次の計算をしましょう。

| 月 | 日 |

①
$$32\overline{)96}$$

②
$$25\overline{)78}$$

③
$$26\overline{)104}$$

④
$$27\overline{)251}$$

⑤
$$64\overline{)896}$$

⑥
$$36\overline{)794}$$

⑦
$$31\overline{)941}$$

⑧
$$56\overline{)9352}$$

2 次の計算を筆算でしましょう。

| 月 | 日 |

① $139 \div 34$

② $980 \div 49$

$$
\begin{array}{r}
3 \\
34\overline{)139} \\
102 \\
\hline
37
\end{array}
$$
ダメ!! ❌

1 次の計算をしましょう。

月　　日

① 16)96　　② 23)74　　③ 45)315　　④ 56)435

⑤ 12)444　　⑥ 19)843　　⑦ 29)874　　⑧ 42)9139

2 次の計算を筆算でしましょう。

月　　日

① 310÷44　　　　② 840÷14

17 2けたでわるわり算の筆算③

1 次の計算をしましょう。

月　日

① 22)88　　② 15)98　　③ 39)312　　④ 45)179

⑤ 27)972　　⑥ 26)815　　⑦ 23)926　　⑧ 67)4499

2 次の計算を筆算でしましょう。

月　日

① 460÷91　　② 720÷18

★できた問題には、
「た」をかこう！

でき 1 でき 2

1 次の計算をしましょう。

月　　日

① 24)96　　② 13)49　　③ 76)608　　④ 54)442

⑤ 49)539　　⑥ 17)725　　⑦ 45)943　　⑧ 43)9455

2 次の計算を筆算でしましょう。

月　　日

① 200÷65　　② 960÷12

1 次の計算をしましょう。

月　　　日

① $256\overline{)768}$　　　② $195\overline{)780}$　　　③ $308\overline{)924}$

④ $163\overline{)982}$　　　⑤ $429\overline{)893}$　　　⑥ $283\overline{)970}$

2 次の計算を筆算でしましょう。

月　　　日

① $927 \div 309$　　　② $931 \div 137$

1 次の計算をしましょう。

月　　日

① 30＋5×3

② 56－63÷9

③ 72÷8＋35÷7

④ 48÷6－54÷9

⑤ 32÷4＋3×5

⑥ 81÷9－3×3

⑦ 59－(96－57)

⑧ (25＋24)÷7

2 次の計算をしましょう。

月　　日

① 36÷4－1×2

② 36÷(4－1)×2

③ (36÷4－1)×2

④ 36÷(4－1×2)

21 式とその計算の順じょ②

★ できた問題には、
「た」をかこう！

 でき　 でき

1 次の計算をしましょう。　　　　　　　　　　| 月　　　日 |

① $64 - 5 \times 7$

② $42 + 9 \div 3$

③ $2 \times 8 + 4 \times 3$

④ $4 \times 9 - 6 \times 2$

⑤ $3 \times 6 + 12 \div 4$

⑥ $8 \times 7 - 36 \div 4$

⑦ $81 - (17 + 25)$

⑧ $(62 - 53) \times 8$

2 次の計算をしましょう。　　　　　　　　　　| 月　　　日 |

① $4 \times 6 + 21 \div 3$

② $4 \times (6 + 21) \div 3$

③ $(4 \times 6 + 21) \div 3$

④ $4 \times (6 + 21 \div 3)$

22 小数×整数 の筆算①

1 次の計算をしましょう。

月　　日

① 　3.2
　×　3

② 　4.5
　×　7

③ 　2.1
　×32

④ 　5.4
　×61

⑤ 　3.9
　×32

⑥ 　0.7
　×18

⑦ 　4.8
　×15

⑧ 　5.9
　×70

2 次の計算をしましょう。

月　　日

① 　0.62
　×　7

② 　1.37
　×　5

③ 　0.31
　×　49

④ 　0.62
　×　82

⑤ 　1.98
　×　54

⑥ 　2.54
　×　93

⑦ 　0.84
　×　35

⑧ 　2.18
　×　50

23 小数×整数 の筆算②

1 次の計算をしましょう。

月　　日

① 　 1.4
　×　 4

② 　 3.6
　×　 9

③ 　 2.2
　×14

④ 　 4.9
　×73

⑤ 　 3.8
　×62

⑥ 　15.2
　×　43

⑦ 　 5.5
　×32

⑧ 　 6.3
　×60

2 次の計算をしましょう。

月　　日

① 　 3.27
　×　 4

② 　 0.46
　×　 2

③ 　 0.37
　×　49

④ 　 0.35
　×　75

⑤ 　 9.13
　×　68

⑥ 　 6.12
　×　47

⑦ 　 0.75
　×　12

⑧ 　 5.38
　×　30

24 小数×整数 の筆算③

1 次の計算をしましょう。　　　　　　　　　　　月　　　日

① 　　2.6
　　×　　3

② 　　15.7
　　×　　8

③ 　　1.1
　　×69

④ 　　5.7
　　×25

⑤ 　　8.5
　　×17

⑥ 　　10.6
　　×　34

⑦ 　　6.5
　　×92

⑧ 　　27.6
　　×　40

2 次の計算をしましょう。　　　　　　　　　　　月　　　日

① 　　2.91
　　×　　6

② 　　0.26
　　×　　3

③ 　　0.13
　　×　39

④ 　　0.48
　　×　76

⑤ 　　1.72
　　×　51

⑥ 　　6.35
　　×　25

⑦ 　　0.15
　　×　24

⑧ 　　3.46
　　×　60

25 小数×整数 の筆算④

でき ① でき ②

1 次の計算をしましょう。　　　　　　　　　月　　日

① 　4.8
　×　2

② 　2.5
　×　6

③ 　1.2
　×43

④ 　6.7
　×15

⑤ 　7.4
　×58

⑥ 　0.4
　×66

⑦ 　8.2
　×75

⑧ 　7.4
　×20

2 次の計算をしましょう。　　　　　　　　　月　　日

① 　0.87
　×　9

② 　3.05
　×　7

③ 　0.56
　×52

④ 　0.71
　×19

⑤ 　5.83
　×16

⑥ 　2.53
　×72

⑦ 　0.26
　×35

⑧ 　2.55
　×90

26 小数×整数 の筆算⑤

1 次の計算をしましょう。

月　　日

① 　　9.4
　　×　3

② 　12.8
　　×　4

③ 　　3.4
　　×21

④ 　　9.1
　　×12

⑤ 　　8.6
　　×43

⑥ 　17.6
　　×　27

⑦ 　　9.5
　　×58

⑧ 　13.7
　　×　80

2 次の計算をしましょう。

月　　日

① 　0.59
　　×　7

② 　5.76
　　×　5

③ 　0.76
　　×　41

④ 　0.47
　　×　85

⑤ 　1.43
　　×　67

⑥ 　4.18
　　×　78

⑦ 　0.25
　　×　44

⑧ 　5.62
　　×　50

1 次の計算をしましょう。

月　　日

① 4〉4.8

② 2〉15.8

③ 5〉3.75

④ 3〉0.87

⑤ 12〉73.2

⑥ 36〉7.2

⑦ 73〉65.7

⑧ 28〉0.56

2 商を一の位<ruby>位<rt>くらい</rt></ruby>まで求め、あまりも出しましょう。

月　　日

① 3〉73.2

② 4〉23.6

③ 26〉88.4

★ できた問題には、
「た」をかこう！
でき **1** ○　でき **2** ○

1 次の計算をしましょう。

月　　日

① 4) 6.8　　② 3) 2 9.7　　③ 5) 0.6 5　　④ 9) 0.4 5 9

⑤ 3 5) 8 0.5　⑥ 1 7) 6.8　⑦ 9 5) 2 8.5　⑧ 2 8) 1.6 8

2 商を一の位まで求め、あまりも出しましょう。

月　　日

① 2) 2 5.6　　② 5) 4 6.5　　③ 4 1) 8 4.3

29 小数÷整数 の筆算③

★ できた問題には、
「た」をかこう!

でき 1 　でき 2

1 次の計算をしましょう。

月　　　日

① $3\,\overline{)\,9.6}$

② $9\,\overline{)\,60.3}$

③ $7\,\overline{)\,4.34}$

④ $2\,\overline{)\,0.72}$

⑤ $17\,\overline{)\,37.4}$

⑥ $15\,\overline{)\,4.5}$

⑦ $73\,\overline{)\,58.4}$

⑧ $32\,\overline{)\,0.96}$

2 商を一の位まで求め、あまりも出しましょう。

月　　　日

① $4\,\overline{)\,91.1}$

② $5\,\overline{)\,16.5}$

③ $56\,\overline{)\,95.2}$

★ できた問題には、「た」をかこう！

でき 1 ○ でき 2 ○

1 次の計算をしましょう。 | 月　　日 |

① 7) 9.1

② 8) 21.6

③ 3) 2.67

④ 6) 0.342

⑤ 48) 62.4

⑥ 23) 9.2

⑦ 87) 52.2

⑧ 84) 5.04

2 商を一の位まで求め、あまりも出しましょう。 | 月　　日 |

① 6) 67.2

② 9) 47.7

③ 35) 76.4

31 わり進むわり算の筆算①

★ できた問題には、
「た」をかこう！

でき
1

でき
2

1 次のわり算を、わり切れるまで計算しましょう。

月　　日

①

$5\overline{)3.8}$

②

$8\overline{)60}$

③

$52\overline{)80.6}$

2 次のわり算を、わり切れるまで計算しましょう。

月　　日

①

$4\overline{)2.3}$

②

$36\overline{)2.7}$

③

$40\overline{)15}$

1 次のわり算を、わり切れるまで計算しましょう。

月　日

① 8) 3.6

② 6) 4 5

③ 7 8) 9 7.5

2 次のわり算を、わり切れるまで計算しましょう。

月　日

① 4) 3.5

② 7 5) 8 9.4

③ 8 4) 2 1

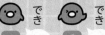
1 商を四捨五入して、$\frac{1}{10}$ の位までのがい数で
表しましょう。

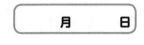

月　　日

① $7 \overline{\smash{)}15}$

② $6 \overline{\smash{)}19.6}$

③ $31 \overline{\smash{)}169}$

2 商を四捨五入して、$\frac{1}{100}$ の位までのがい数で
表しましょう。

月　　日

① $7 \overline{\smash{)}50}$

② $3 \overline{\smash{)}5.03}$

③ $15 \overline{\smash{)}56.3}$

34 商をがい数で表す わり算の筆算②

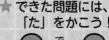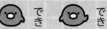
1 商を四捨五入して、上から1けたのがい数で
表しましょう。

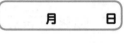
月　　　日

①
$$7 \overline{\smash{)}\, 8}$$

②
$$6 \overline{\smash{)}\, 46.1}$$

③
$$28 \overline{\smash{)}\, 96}$$

2 商を四捨五入して、上から2けたのがい数で
表しましょう。

月　　　日

①
$$7 \overline{\smash{)}\, 16}$$

②
$$9 \overline{\smash{)}\, 25.8}$$

③
$$31 \overline{\smash{)}\, 80}$$

35 仮分数の出てくる分数の たし算

★ できた問題には、
「た」をかこう！
でき　でき
1 ○　2 ○

1 次の計算をしましょう。

月　　　日

① $\dfrac{4}{5} + \dfrac{2}{5}$

② $\dfrac{2}{4} + \dfrac{3}{4}$

③ $\dfrac{5}{7} + \dfrac{3}{7}$

④ $\dfrac{3}{5} + \dfrac{4}{5}$

⑤ $\dfrac{6}{9} + \dfrac{8}{9}$

⑥ $\dfrac{5}{3} + \dfrac{2}{3}$

⑦ $\dfrac{9}{5} + \dfrac{2}{5}$

⑧ $\dfrac{9}{8} + \dfrac{9}{8}$

⑨ $\dfrac{5}{6} + \dfrac{7}{6}$

⑩ $\dfrac{8}{5} + \dfrac{7}{5}$

2 次の計算をしましょう。

月　　　日

① $\dfrac{5}{6} + \dfrac{2}{6}$

② $\dfrac{2}{7} + \dfrac{6}{7}$

③ $\dfrac{4}{9} + \dfrac{7}{9}$

④ $\dfrac{6}{8} + \dfrac{7}{8}$

⑤ $\dfrac{3}{4} + \dfrac{3}{4}$

⑥ $\dfrac{6}{5} + \dfrac{7}{5}$

⑦ $\dfrac{7}{4} + \dfrac{6}{4}$

⑧ $\dfrac{4}{3} + \dfrac{7}{3}$

⑨ $\dfrac{9}{8} + \dfrac{7}{8}$

⑩ $\dfrac{3}{2} + \dfrac{7}{2}$

36 仮分数の出てくる分数の ひき算

1 次の計算をしましょう。　　　　　　　　　　月　　　日

① $\dfrac{4}{3} - \dfrac{2}{3}$　　　　② $\dfrac{7}{6} - \dfrac{5}{6}$

③ $\dfrac{5}{4} - \dfrac{3}{4}$　　　　④ $\dfrac{12}{9} - \dfrac{8}{9}$

⑤ $\dfrac{9}{4} - \dfrac{3}{4}$　　　　⑥ $\dfrac{7}{5} - \dfrac{1}{5}$

⑦ $\dfrac{9}{6} - \dfrac{2}{6}$　　　　⑧ $\dfrac{18}{7} - \dfrac{2}{7}$

⑨ $\dfrac{10}{7} - \dfrac{3}{7}$　　　　⑩ $\dfrac{9}{8} - \dfrac{1}{8}$

2 次の計算をしましょう。　　　　　　　　　　月　　　日

① $\dfrac{12}{8} - \dfrac{9}{8}$　　　　② $\dfrac{11}{9} - \dfrac{10}{9}$

③ $\dfrac{7}{4} - \dfrac{5}{4}$　　　　④ $\dfrac{5}{3} - \dfrac{4}{3}$

⑤ $\dfrac{8}{3} - \dfrac{4}{3}$　　　　⑥ $\dfrac{19}{7} - \dfrac{8}{7}$

⑦ $\dfrac{13}{5} - \dfrac{6}{5}$　　　　⑧ $\dfrac{13}{4} - \dfrac{7}{4}$

⑨ $\dfrac{14}{6} - \dfrac{8}{6}$　　　　⑩ $\dfrac{15}{4} - \dfrac{7}{4}$

37 帯分数のたし算①

1 次の計算をしましょう。

月　　日

① $1\dfrac{2}{6} + \dfrac{1}{6}$

② $\dfrac{3}{5} + 1\dfrac{1}{5}$

③ $4\dfrac{3}{9} + \dfrac{8}{9}$

④ $2\dfrac{5}{8} + \dfrac{4}{8}$

⑤ $\dfrac{2}{8} + 3\dfrac{7}{8}$

⑥ $\dfrac{2}{4} + 1\dfrac{3}{4}$

2 次の計算をしましょう。

月　　日

① $3\dfrac{2}{5} + 2\dfrac{2}{5}$

② $5\dfrac{1}{3} + 1\dfrac{1}{3}$

③ $2\dfrac{3}{7} + 3\dfrac{6}{7}$

④ $5 + 2\dfrac{1}{4}$

⑤ $2\dfrac{5}{9} + \dfrac{4}{9}$

⑥ $\dfrac{8}{10} + 1\dfrac{2}{10}$

38 帯分数のたし算②

1 次の計算をしましょう。

月　　日

① $4\dfrac{3}{6}+\dfrac{2}{6}$

② $\dfrac{2}{9}+8\dfrac{4}{9}$

③ $1\dfrac{7}{10}+\dfrac{9}{10}$

④ $2\dfrac{7}{9}+\dfrac{5}{9}$

⑤ $\dfrac{2}{3}+1\dfrac{2}{3}$

⑥ $\dfrac{3}{4}+3\dfrac{3}{4}$

2 次の計算をしましょう。

月　　日

① $1\dfrac{3}{8}+2\dfrac{4}{8}$

② $2\dfrac{2}{4}+5\dfrac{1}{4}$

③ $4\dfrac{2}{5}+3\dfrac{4}{5}$

④ $3\dfrac{1}{8}+1\dfrac{7}{8}$

⑤ $5\dfrac{4}{7}+\dfrac{3}{7}$

⑥ $\dfrac{2}{6}+3\dfrac{4}{6}$

39 帯分数のひき算①

1 次の計算をしましょう。

月　　日

① $2\dfrac{4}{5} - 1\dfrac{2}{5}$

② $3\dfrac{5}{7} - 1\dfrac{3}{7}$

③ $2\dfrac{5}{6} - \dfrac{1}{6}$

④ $4\dfrac{7}{9} - \dfrac{2}{9}$

⑤ $4\dfrac{3}{5} - 2$

⑥ $5\dfrac{8}{9} - \dfrac{8}{9}$

2 次の計算をしましょう。

月　　日

① $3\dfrac{2}{9} - 2\dfrac{4}{9}$

② $4\dfrac{1}{7} - 2\dfrac{6}{7}$

③ $1\dfrac{1}{3} - \dfrac{2}{3}$

④ $1\dfrac{2}{4} - \dfrac{3}{4}$

⑤ $2\dfrac{3}{8} - \dfrac{7}{8}$

⑥ $2 - \dfrac{3}{5}$

40 帯分数のひき算②

1 次の計算をしましょう。

月　　日

① $4\dfrac{6}{7} - 2\dfrac{3}{7}$

② $6\dfrac{8}{9} - 3\dfrac{5}{9}$

③ $1\dfrac{2}{3} - \dfrac{1}{3}$

④ $1\dfrac{3}{8} - \dfrac{1}{8}$

⑤ $2\dfrac{2}{6} - 1$

⑥ $3\dfrac{4}{5} - 2\dfrac{4}{5}$

2 次の計算をしましょう。

月　　日

① $3\dfrac{3}{6} - 2\dfrac{5}{6}$

② $5\dfrac{2}{7} - 2\dfrac{4}{7}$

③ $1\dfrac{7}{10} - \dfrac{9}{10}$

④ $3\dfrac{4}{6} - \dfrac{5}{6}$

⑤ $2\dfrac{1}{4} - \dfrac{2}{4}$

⑥ $2 - 1\dfrac{1}{4}$

答え

1 答えが何十・何百になるわり算

1
①20 ②10
③80 ④50
⑤90 ⑥30
⑦70 ⑧60
⑨60 ⑩50

2
①300 ②100
③400 ④900
⑤700 ⑥800
⑦900 ⑧400
⑨700 ⑩600

2 1けたでわるわり算の筆算①

1
①13 ②23
③10 あまり 3 ④179
⑤168 あまり 3 ⑥208 あまり 3
⑦69 ⑧82 あまり 1

2
①
```
      12
  6)74
     6
    14
    12
     2
```
②
```
      122
  7)856
     7
    15
    14
     16
     14
      2
```

3 1けたでわるわり算の筆算②

1
①12 ②43
③20 あまり 2 ④129
⑤132 ⑥109
⑦28 ⑧68 あまり 4

2
①
```
      18
  4)73
     4
    33
    32
     1
```
②
```
      124
  6)749
     6
    14
    12
     29
     24
      5
```

4 1けたでわるわり算の筆算③

1
①29 ②31
③20 あまり 2 ④123
⑤108 あまり 2 ⑥18 あまり 2
⑦92 ⑧30 あまり 6

2
①
```
      18
  5)94
     5
    44
    40
     4
```
②
```
      102
  9)918
     9
     18
     18
      0
```

5 1けたでわるわり算の筆算④

1
①46 ②20
③11 あまり 4 ④101 あまり 8
⑤93 ⑥65 あまり 4
⑦32 ⑧82 あまり 2

2
①
```
      27
  3)83
     6
    23
    21
     2
```
②
```
      69
  3)207
     18
     27
     27
      0
```

6 1けたでわるわり算の筆算⑤

1
①12 ②20
③32 あまり 2 ④139
⑤309 ⑥49 あまり 3
⑦41 ⑧30 あまり 3

2
①
```
      12
  8)99
     8
    19
    16
     3
```
②
```
      99
  7)693
     63
     63
     63
      0
```

7 わり算の暗算

1
①12 ②31
③11 ④12
⑤18 ⑥12
⑦19 ⑧14
⑨35 ⑩12

2
①14 ②11
③21 ④42
⑤12 ⑥23
⑦14 ⑧12
⑨15 ⑩16

8 3けたの数をかける筆算①

1 ①77376　②72228
③323832　④361005
⑤591074　⑥8932
⑦154570　⑧215710

2
①
```
    245
  ×256
   1470
  1225
  490
  62720
```
②
```
    609
  ×705
   3045
  4263
  429345
```

9 3けたの数をかける筆算②

1 ①99297　②102396
③221534　④792702
⑤55470　⑥12460
⑦305805　⑧284115

2
①
```
     49
  ×241
     49
   196
  98
  11809
```
②
```
    841
  ×607
   5887
  5046
  510487
```

10 小数のたし算の筆算①

1 ①3.99　②8.21　③12.05　④14.21
⑤5.31　⑥10.46　⑦8.03　⑧6.9
⑨7　⑩7.532

2
①
```
   1.89
  +0.4
   2.29
```
②
```
   9.24
  +3
  12.24
```
③
```
   0.309
  +0.891
   1.200
```
④
```
   13.79
  +  0.072
   13.862
```

11 小数のたし算の筆算②

1 ①6.84　②9.94　③12.79　④17.92
⑤4.31　⑥7.34　⑦6.01　⑧8.6
⑨7　⑩12.751

2

①
```
   0.8
  +3.72
   4.52
```
②
```
   4.25
  +4
   8.25
```
③
```
   8.051
  +0.949
   9.000
```
④
```
   1.583
  +0.76
   2.343
```

12 小数のひき算の筆算①

1 ①7.71　②6.69　③3.78　④7.27
⑤0.88　⑥0.09　⑦2.81　⑧2.72
⑨0.098　⑩3.972

2
①
```
   1
  -0.81
   0.19
```
②
```
   3.67
  -0.6
   3.07
```
③
```
   0.855
  -0.72
   0.135
```
④
```
   4.23
  -0.125
   4.105
```

13 小数のひき算の筆算②

1 ①2.01　②2.07　③2.77　④1.86
⑤0.88　⑥0.78　⑦6.98　⑧0.46
⑨2.109　⑩0.913

2
①
```
   1
  -0.18
   0.82
```
②
```
   2.91
  -0.9
   2.01
```
③
```
   4.052
  -0.93
   3.122
```
④
```
   0.98
  -0.801
   0.179
```

14 何十でわるわり算

1 ①2　②4
③2　④3
⑤3　⑥4
⑦8　⑧9
⑨8　⑩9

2 ①4あまり10　②1あまり40
③1あまり10　④2あまり20
⑤6あまり40　⑥8あまり60
⑦9あまり80　⑧2あまり50
⑨2あまり60　⑩6あまり40

15 2けたでわるわり算の筆算①

1 ①3　　　　　②3あまり3
　　③4　　　　　④9あまり8
　　⑤14　　　　⑥22あまり2
　　⑦30あまり11　⑧167

2
①
```
        4
  34)139
     136
       3
```
②
```
        20
  49)980
     98
      0
```

16 2けたでわるわり算の筆算②

1 ①6　　　　　②3あまり5
　　③7　　　　　④7あまり43
　　⑤37　　　　⑥44あまり7
　　⑦30あまり4　⑧217あまり25

2
①
```
        7
  44)310
     308
       2
```
②
```
        60
  14)840
     84
      0
```

17 2けたでわるわり算の筆算③

1 ①4　　　　　②6あまり8
　　③8　　　　　④3あまり44
　　⑤36　　　　⑥31あまり9
　　⑦40あまり6　⑧67あまり10

2
①
```
        5
  91)460
     455
       5
```
②
```
        40
  18)720
     72
      0
```

18 2けたでわるわり算の筆算④

1 ①4　　　　　②3あまり10
　　③8　　　　　④8あまり10
　　⑤11　　　　⑥42あまり11
　　⑦20あまり43　⑧219あまり38

2
①
```
        3
  65)200
     195
       5
```
②
```
        80
  12)960
     96
      0
```

19 3けたでわるわり算の筆算

1 ①3　　　　②4　　　　③3
　　④6あまり4　⑤2あまり35　⑥3あまり121

2
①
```
         3
  309)927
      927
        0
```
②
```
         6
  137)931
      822
      109
```

20 式とその計算の順じょ①

1 ①45　②49
　　③14　④2
　　⑤23　⑥0
　　⑦20　⑧7

2 ①7　②24
　　③16　④18

21 式とその計算の順じょ②

1 ①29　②45
　　③28　④24
　　⑤21　⑥47
　　⑦39　⑧72

2 ①31　②36
　　③15　④52

22 小数×整数 の筆算①

1 ①9.6　②31.5　③67.2　④329.4
　　⑤124.8　⑥12.6　⑦72　⑧413

2 ①4.34　②6.85　③15.19　④50.84
　　⑤106.92　⑥236.22　⑦29.4　⑧109

23 小数×整数 の筆算②

1 ①5.6　②32.4　③30.8　④357.7
　　⑤235.6　⑥653.6　⑦176　⑧378

2 ①13.08　②0.92　③18.13　④26.25
　　⑤620.84　⑥287.64　⑦9　⑧161.4

24 小数×整数 の筆算③

1 ①7.8　②125.6　③75.9　④142.5
　　⑤144.5　⑥360.4　⑦598　⑧1104

2 ①17.46　②0.78　③5.07　④36.48
　　⑤87.72　⑥158.75　⑦3.6　⑧207.6

25 小数×整数 の筆算④

1 ①9.6　②15　③51.6　④100.5
　　⑤429.2　⑥26.4　⑦615　⑧148

2	①7.83	②21.35	③29.12	④13.49
	⑤93.28	⑥182.16	⑦9.1	⑧229.5

26 小数×整数 の 筆算⑤

1	①28.2	②51.2	③71.4	④109.2
	⑤369.8	⑥475.2	⑦551	⑧1096
2	①4.13	②28.8	③31.16	④39.95
	⑤95.81	⑥326.04	⑦11	⑧281

27 小数÷整数の 筆算①

1	①1.2	②7.9	③0.75	④0.29
	⑤6.1	⑥0.2	⑦0.9	⑧0.02
2	①24 あまり 1.2	②5あまり 3.6		
	③3 あまり 10.4			

28 小数÷整数の 筆算②

1	①1.7	②9.9	③0.13	④0.051
	⑤2.3	⑥0.4	⑦0.3	⑧0.06
2	①12 あまり 1.6	②9 あまり 1.5		
	③2 あまり 2.3			

29 小数÷整数の 筆算③

1	①3.2	②6.7	③0.62	④0.36
	⑤2.2	⑥0.3	⑦0.8	⑧0.03
2	①22 あまり 3.1	②3あまり 1.5		
	③1 あまり 39.2			

30 小数÷整数の 筆算④

1	①1.3	②2.7	③0.89	④0.057
	⑤1.3	⑥0.4	⑦0.6	⑧0.06
2	①11 あまり 1.2	②5 あまり 2.7		
	③2 あまり 6.4			

31 わり進むわり算の筆算①

1	①0.76	②7.5	③1.55
2	①0.575	②0.075	③0.375

32 わり進むわり算の筆算②

1	①0.45	②7.5	③1.25
2	①0.875	②1.192	③0.25

33 商をがい数で表すわり算の筆算①

1	①2.1	②3.3	③5.5
2	①7.14	②1.68	③3.75

34 商をがい数で表すわり算の筆算②

1	①1	②8	③3
2	①2.3	②2.9	③2.6

35 仮分数の出てくる分数のたし算

1

①$\frac{6}{5}\left(1\frac{1}{5}\right)$ 　②$\frac{5}{4}\left(1\frac{1}{4}\right)$

③$\frac{8}{7}\left(1\frac{1}{7}\right)$ 　④$\frac{7}{5}\left(1\frac{2}{5}\right)$

⑤$\frac{14}{9}\left(1\frac{5}{9}\right)$ 　⑥$\frac{7}{3}\left(2\frac{1}{3}\right)$

⑦$\frac{11}{5}\left(2\frac{1}{5}\right)$ 　⑧$\frac{18}{8}\left(2\frac{2}{8}\right)$

⑨$2\left(\frac{12}{6}\right)$ 　⑩$3\left(\frac{15}{5}\right)$

2

①$\frac{7}{6}\left(1\frac{1}{6}\right)$ 　②$\frac{8}{7}\left(1\frac{1}{7}\right)$

③$\frac{11}{9}\left(1\frac{2}{9}\right)$ 　④$\frac{13}{8}\left(1\frac{5}{8}\right)$

⑤$\frac{6}{4}\left(1\frac{2}{4}\right)$ 　⑥$\frac{13}{5}\left(2\frac{3}{5}\right)$

⑦$\frac{13}{4}\left(3\frac{1}{4}\right)$ 　⑧$\frac{11}{3}\left(3\frac{2}{3}\right)$

⑨$2\left(\frac{16}{8}\right)$ 　⑩$5\left(\frac{10}{2}\right)$

36 仮分数の出てくる分数のひき算

1

①$\frac{2}{3}$ 　②$\frac{2}{6}$

③$\frac{2}{4}$ 　④$\frac{4}{9}$

⑤$\frac{6}{4}\left(1\frac{2}{4}\right)$ 　⑥$\frac{6}{5}\left(1\frac{1}{5}\right)$

⑦$\frac{7}{6}\left(1\frac{1}{6}\right)$ 　⑧$\frac{16}{7}\left(2\frac{2}{7}\right)$

⑨$1\left(\frac{7}{7}\right)$ 　⑩$1\left(\frac{8}{8}\right)$

2 ① $\dfrac{3}{8}$　② $\dfrac{1}{9}$

③ $\dfrac{2}{4}$　④ $\dfrac{1}{3}$

⑤ $\dfrac{4}{3}\left(1\dfrac{1}{3}\right)$　⑥ $\dfrac{11}{7}\left(1\dfrac{4}{7}\right)$

⑦ $\dfrac{7}{5}\left(1\dfrac{2}{5}\right)$　⑧ $\dfrac{6}{4}\left(1\dfrac{2}{4}\right)$

⑨ $1\left(\dfrac{6}{6}\right)$　⑩ $2\left(\dfrac{8}{4}\right)$

37 帯分数のたし算①

1 ① $\dfrac{9}{6}\left(1\dfrac{3}{6}\right)$　② $\dfrac{9}{5}\left(1\dfrac{4}{5}\right)$

③ $\dfrac{47}{9}\left(5\dfrac{2}{9}\right)$　④ $\dfrac{25}{8}\left(3\dfrac{1}{8}\right)$

⑤ $\dfrac{33}{8}\left(4\dfrac{1}{8}\right)$　⑥ $\dfrac{9}{4}\left(2\dfrac{1}{4}\right)$

2 ① $\dfrac{29}{5}\left(5\dfrac{4}{5}\right)$　② $\dfrac{20}{3}\left(6\dfrac{2}{3}\right)$

③ $\dfrac{44}{7}\left(6\dfrac{2}{7}\right)$　④ $\dfrac{29}{4}\left(7\dfrac{1}{4}\right)$

⑤ $3\left(\dfrac{27}{9}\right)$　⑥ $2\left(\dfrac{20}{10}\right)$

38 帯分数のたし算②

1 ① $\dfrac{29}{6}\left(4\dfrac{5}{6}\right)$　② $\dfrac{78}{9}\left(8\dfrac{6}{9}\right)$

③ $\dfrac{26}{10}\left(2\dfrac{6}{10}\right)$　④ $\dfrac{30}{9}\left(3\dfrac{3}{9}\right)$

⑤ $\dfrac{7}{3}\left(2\dfrac{1}{3}\right)$　⑥ $\dfrac{18}{4}\left(4\dfrac{2}{4}\right)$

2 ① $\dfrac{31}{8}\left(3\dfrac{7}{8}\right)$　② $\dfrac{31}{4}\left(7\dfrac{3}{4}\right)$

③ $\dfrac{41}{5}\left(8\dfrac{1}{5}\right)$　④ $5\left(\dfrac{40}{8}\right)$

⑤ $6\left(\dfrac{42}{7}\right)$　⑥ $4\left(\dfrac{24}{6}\right)$

39 帯分数のひき算①

1 ① $\dfrac{7}{5}\left(1\dfrac{2}{5}\right)$　② $\dfrac{16}{7}\left(2\dfrac{2}{7}\right)$

③ $\dfrac{16}{6}\left(2\dfrac{4}{6}\right)$　④ $\dfrac{41}{9}\left(4\dfrac{5}{9}\right)$

⑤ $\dfrac{13}{5}\left(2\dfrac{3}{5}\right)$　⑥ $5\left(\dfrac{45}{9}\right)$

2 ① $\dfrac{7}{9}$　② $\dfrac{9}{7}\left(1\dfrac{2}{7}\right)$

③ $\dfrac{2}{3}$　④ $\dfrac{3}{4}$

⑤ $\dfrac{12}{8}\left(1\dfrac{4}{8}\right)$　⑥ $\dfrac{7}{5}\left(1\dfrac{2}{5}\right)$

40 帯分数のひき算②

1 ① $\dfrac{17}{7}\left(2\dfrac{3}{7}\right)$　② $\dfrac{30}{9}\left(3\dfrac{3}{9}\right)$

③ $\dfrac{4}{3}\left(1\dfrac{1}{3}\right)$　④ $\dfrac{10}{8}\left(1\dfrac{2}{8}\right)$

⑤ $\dfrac{8}{6}\left(1\dfrac{2}{6}\right)$　⑥ $1\left(\dfrac{5}{5}\right)$

2 ① $\dfrac{4}{6}$　② $\dfrac{19}{7}\left(2\dfrac{5}{7}\right)$

③ $\dfrac{8}{10}$　④ $\dfrac{17}{6}\left(2\dfrac{5}{6}\right)$

⑤ $\dfrac{7}{4}\left(1\dfrac{3}{4}\right)$　⑥ $\dfrac{3}{4}$